린네가 들려주는 분류 이야기

린네가 들려주는 분류 이야기

ⓒ 황신영, 2010

초   판 1쇄 발행일 | 2005년 11월 1일
개정판 1쇄 발행일 | 2010년 9월 1일
개정판 11쇄 발행일 | 2021년 5월 28일

지은이 | 황신영
펴낸이 | 정은영
펴낸곳 | (주)자음과모음

출판등록 | 2001년 11월 28일 제2001-000259호
주   소 | 04047 서울시 마포구 양화로6길 49
전   화 | 편집부 (02)324-2347, 경영지원부 (02)325-6047
팩   스 | 편집부 (02)324-2348, 경영지원부 (02)2648-1311
e-mail | jamoteen@jamobook.com

ISBN 978-89-544-2062-4 (44400)

무 늬 풀 일 까?

정교야 미안하다!! ㅋㅋ

린네가 들려주는
분류 이야기

| 황신영 지음 |

|주|자음과모음

분류학자를 꿈꾸는 청소년을 위한
'분류' 이야기

현재까지 지구 상에 알려진 생물은 약 180만 종입니다. 하지만 아마존 같은 밀림이나 깊은 바닷 속, 극지방과 같이 인간의 손길이 잘 닿지 않는 곳에서 살고 있어 발견되지 않은 종까지 합친다면 1,000만~1억 종가량이라고 합니다.

이렇게 많은 생물들을 발견하여 각각 이름을 붙이고, 어느 무리에 속하는지 알아내는 것이 바로 분류학입니다.

18세기 과학자 린네는 그동안 제대로 정리되지 않았던 이 학문을 체계적으로 정리하고, 수많은 생물에 이름 붙이는 방법을 연구하였습니다.

분류는 단순히 외우기만 하는 지루한 학문이 아닙니다. 자연을 세심하게 관찰하고, 오랜 시간 사고하는 과정을 거쳐야만 발견의 기쁨을 얻을 수 있는 학문입니다.

또한 새로운 생물을 발견해 그 특징을 알아내는 분류학은 사람들에게 필요한 신약을 개발하거나 신소재를 개발하는 데 큰 도움을 주는 학문입니다. 왜냐하면 신약이나 신소재는 여러 동식물이 원료가 되기 때문입니다.

린네와의 수업을 통해 여러분이 분류에 대해 호기심을 가지고 배울 수 있기를, 그리고 평소에 궁금하게 생각했던 분류에 관한 의문도 풀 수 있기를 바랍니다. 또한 여러분이 자연에 대해 호기심을 가지고 탐구하는 태도를 길러 앞으로는 여러분에 의해 새롭게 발견되는 생물도 많아졌으면 하는 바람입니다.

끝으로 이 책을 출간할 수 있도록 도와준 (주)자음과모음의 강병철 사장님과 편집부 직원에게 깊은 감사를 드립니다.

황 신 영

차례

분류란 무엇일까요?

분류의 뜻과 일상생활에서 분류가 어떻게 사용되는지 알아봅시다.

1

첫 번째 수업

분류란 무엇일까요?

교. 초등 과학 6-1   5. 주변의 생물
과.
연.
계.

린네가 학생들과 반갑게 인사하며
첫 번째 수업을 시작했다.

　안녕하세요? 나는 앞으로 여러분과 분류 수업을 같이 할 린네라고 합니다. 나에 대해 알고 있는 학생도 있겠지만, 아마 내 이름을 처음 듣는 학생도 있을 거예요.

　앞으로 9일 동안 여러분과 같이 수업을 하게 될테니 잘 부탁해요. 내가 질문하는 것에도 적극적으로 대답해 주면 수업이 더욱 재미있을 거예요.

　오늘은 분류에 대해 공부하겠습니다. 분류의 뜻을 알고 있는 사람이 있나요?

　＿ 네, 선생님.

한 학생이 손을 들고 말했다.

__무리를 지어 나누는 것입니다.

네, 맞아요. 그런데 설명이 조금 부족하군요. 무리를 지어 나눈다고 했는데 나눌 때에는 기준이 필요하겠지요? 그렇다면 어떤 기준을 세워야 할까요?

조금 어려운가요? 그렇다면 예를 들어 보기로 하지요.

린네는 여러 가지 물건을 학생들 앞에 꺼내 놓았다.

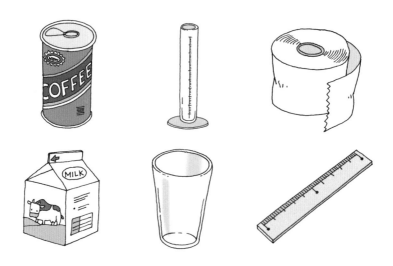

여기에 6가지 물건이 있어요. 이것을 기준을 세워 두 무리

로 나누어 보세요. 분류 기준은 여러 가지가 될 수 있으니 각자 해 보도록 합시다.

학생들은 각각 물건을 관찰하고 종이에 적기 시작했다.

__ 저는 원기둥 모양으로 생긴 것과 그렇지 않은 것으로 나누어 보았어요.

민규	
음료수 캔 휴지 유리컵 메스실린더	자 우유 팩

__ 저는 종이로 만들어진 것과 그렇지 않은 것으로 나누어 보았어요.

서영	
휴지 우유 팩	음료수 캔 자 유리컵 메스실린더

저는 물건 안에 액체를 담을 수 있는 것과 그렇지 않은 것으로 나누어 보았어요.

신지

음료수 캔 우유 팩 유리컵 메스실린더	자 휴지

　저는 측정할 수 있는 도구와 그렇지 않은 것으로 나누어 보았어요.

상화

자 메스실린더	음료수 캔 휴지 우유 팩 유리컵

　정말 다양한 분류 기준이 나왔군요. 여러분은 분류할 때 어떤 기준을 세웠나요? 먼저 물건의 색깔이라든가, 모양이라든가, 만들어진 재료 등을 세심하게 관찰했을 거예요. 또 이 물건으로 어떤 일을 할 수 있는지에 대해서도 생각해 보았겠지

요. 이렇게 물건들을 관찰한 다음, 같은 점을 가진 것끼리 묶어 무리를 지었을 겁니다. 따라서 분류란 사물을 공통되는 성질에 따라 나누는 것이라고 말할 수 있겠지요. 자, 그럼 아까 여러분이 나누었던 분류 기준을 다시 살펴보도록 하지요.

민규는 원기둥 모양으로 생긴 것과 그렇지 않은 것으로 나누었는데, 이것은 물건의 모양을 보고 나눈 것이죠. 그런데 이 분류 기준은 적당하지 않아요. 왜 그럴까요?

모양을 잘 살펴보세요. 원기둥은 위아래의 원이 같은 넓이여야 해요. 그런데 원기둥 모양으로 분류한 물건들을 보면 위아래의 원의 넓이가 다르지요? 분류 기준이 되려면 무엇보다 기준이 정확해야 한답니다. 예를 들어, 우리 반 학생들을 성별을 기준으로 나눈다면 모든 학생들이 똑같이 분류할 수 있지만, 미를 기준으로 예쁜 학생과 그렇지 않은 학생으로 나눈다면 나누는 사람의 생각에 따라 분류가 달라질 수 있겠지요? 아마 친구들 간에 싸움이 날지도 몰라요.

서영이는 물건을 만든 재료를 기준으로 나누었네요. 종이로 된 것 말고도 금속으로 만들어진 것, 플라스틱으로 만들어진 것, 유리로 만들어진 것 등 다양한 기준으로 나누어 볼 수 있겠지요.

신지와 상화는 물건의 쓰임새를 가지고 나누었군요. 신지는 속이 비어 있어 물 같은 액체를 담을 수 있는 물건과 그렇지 않은 것으로 나누었고, 상화는 자는 길이를 재는 도구이고 메스실린더는 부피를 재는 도구라는 점까지 생각하여 측정 도구라는 공통점을 찾아낸 점이 훌륭합니다.

이제 분류의 뜻을 잘 이해했으리라 생각해요. 그런데 일상생활에서 분류를 사용하는 예가 참 많답니다. 어떤 것이 있을까요?

서점이나 슈퍼마켓, 백화점 같은 곳에 진열되어 있는 물건들을 주의 깊게 살펴보면 일정한 기준으로 나뉘어 있는 걸 알수 있어요. 예를 들면 서점에서는 책의 내용에 따라 참고서, 소설, 아동 도서, 잡지, 만화 등으로 나누어 전시하고 있지요. 그래서 만약 초등학교 5학년 과학 문제집을 사고 싶다면, 서점 안에서 참고서가 있는 책꽂이를 찾아 초등학교 문제집, 5학년, 과학 문제집이 꽂혀 있는 곳을 찾아보면 됩니다.

그런데 서점에서 책의 내용이 아닌 책의 크기별로 정리를 해 놓았다면 어떨까요? 필요로 하는 책을 찾기 위해서는 우선 책의 크기를 알아야 할 것입니다. 내용별로 정리되어 있다면 금방 찾을 수 있겠지만, 크기별로 분류되어 있다면 며칠이 걸려도 찾지 못할 수도 있겠네요. 금방 내가 든 예에서 알 수 있듯이 분류를 잘하기 위해서는 정확한 분류 기준을 찾

는 것도 중요하지만, 분류해 놓은 것이 얼마나 쓸모 있게 사
용되는지도 중요하답니다.

만화로 본문 읽기

지금부터 여기 있는 6가지 물건을 각자 분류 기준을 세워서 두 무리로 나누어 보세요.

네, 알겠어요!

종이에 적으면 되죠?

저는 원기둥 모양으로 생긴 것과 그렇지 않은 것으로 나누어 보았어요.

저는 측정할 수 있는 도구와 그렇지 않은 것으로 나누어 보았어요.

음료수 캔	
휴지	
유리컵	자
메스실린더	우유 팩

	음료수 캔
자	휴지
메스실린더	우유 팩
	유리컵

이렇게 사물을 공통되는 성질에 따라 나누는 것을 분류라고 해요. 그런데 물건의 모양으로 분류하는 것은 적당한 분류 방법이 아니에요.

왜 그렇죠?

분류: 사물을 공통되는 성질에 따라 나누는 것

분류를 할 때에는 기준이 정확해야 해요. 원기둥은 위아래가 같은 넓이여야 하는데, 분류한 물건들을 보면 위아래의 원의 넓이가 다르잖아요.

정말이네요. 제가 나눈 물건을 보니까 기준이 정확하지 않네요.

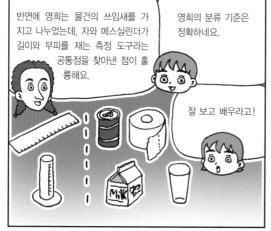

반면에 영희는 물건의 쓰임새를 가지고 나누었는데, 자와 메스실린더가 길이와 부피를 재는 측정 도구라는 공통점을 찾아낸 점이 훌륭해요.

영희의 분류 기준은 정확하네요.

잘 보고 배우라고!

우리 주변에서도 분류가 이용되고 있어요. 도서관의 도서 진열, 상점의 상품 진열 등이 그 예이지요.

서점에서 참고서, 소설, 잡지, 만화 등으로 구분해 놓아서 찾기 편했어요.

난 슈퍼마켓에서 내가 좋아하는 과자를 찾을 수 있지!

소설 잡지

만화

라면 과자

분류학의 **역사**를 알아볼까요?

린네 이전의 분류학의 발달 과정에 대해 알아봅시다.

2

분류학의 역사를
알아볼까요?

린네가 지난 시간에
배운 내용을 언급하며
두 번째 수업을 시작했다.

지난 시간에는 분류의 뜻에 대해 배웠습니다. 오늘은 분류학이 어떻게 시작되었는지, 또 어떻게 발달했는지에 대해 알아보겠습니다.

옛날 사람들도 생물을 분류하는 데 관심이 있었습니다. 원시 시대를 생각해 봅시다. 그때는 분류 기준이 무엇이었을까요? 당시 사람들에게 가장 중요한 것은 무엇이었을까요? 바로 살아남는 것입니다. 그래서 사람들은 사냥과 채집을 하면서 나름대로 먹을 수 있는 것과 먹을 수 없는 것, 약으로 쓸 수 있는 것과 없는 것들을 나누었습니다. 말하자면 사람들이 살아가는 데 필요한 것과 그렇지 않은 것을 분류하기 시작한 것입니다. 이런 중요한 정보는 대를 이어 자식들에게도 전해졌겠지요.

이와 같이 이용 목적이나 사는 장소 등 자기만의 견해로 분류하는 방법을 인위 분류라고 합니다. 이런 분류 방법에는 어떤 문제가 있을까요?

한 학생이 손을 들고 대답했다.

＿자기만의 견해로 판단하여 나눈 것은 정확한 분류 방법이 아니에요.

네, 맞아요. 지난 시간에 배웠던 분류 기준의 조건을 생각해 보면 '먹을 수 있다'와 '약으로 쓰인다'라는 분류 기준은 누구에게나 똑같은 분류 결과를 낳는 것이 아니지요.

또한 사는 장소에 따라 생물을 나눈다면, 바다에 사는 생물에 미역, 고등어, 조개, 그리고 육지에 사는 생물에 개나리, 사슴, 호랑이와 같이 나눌 수도 있습니다. 그렇다면 미역, 고등어, 조개가 같은 무리에 속하는 생물이고, 개나리, 사슴, 호랑이가 같은 무리라는 이야기가 되지요.

실제로 많은 학자들이 처음엔 이런 인위 분류를 통해 생물을 나누기도 했답니다. 그렇다면 생물을 분류하는 올바른 방법은 어떤 것일까요?

__생물의 생김새를 살펴보고 비슷한 무리끼리 나누어야 해요.

__생물의 특징을 살펴보고 비슷한 무리끼리 나누어야 해요.

네, 맞습니다. 생물의 특징을 잘 살펴서 같은 특징을 가진 것끼리 나누는 것이 올바른 분류 방법이겠지요. 이렇게 몸의 구조, 번식 방법, 내부 구조 등 생물의 특징을 이용하여 분류하는 방법을 자연 분류라고 합니다.

자연 분류 방법으로 생물을 분류한 최초의 과학자는 아리스토텔레스(Aristoteles, B.C.384~B.C.322)입니다. 아리스토텔레스는 철학자로 유명하지만, 자연을 세심하게 관찰하여 많은 발견을 이뤄낸 과학자이기도 합니다. 물론 그가 이야기한 내용들 중에는 맞지 않는 것도 있습니다. 하지만, 과학적인 방법으로 자연을 탐구했다는 점에 큰 의의가 있지요.

아리스토텔레스는 평소 생물에 대한 관찰을 즐겼습니다. 그가 고래를 관찰한 것과 관련된 일화가 있습니다. 어느 날 바닷가에서 큰 물기둥을 뿜어내는 고래를 관찰하던 그는 고래가 물고기인지 궁금해졌습니다. 헤엄을 치는 지느러미가 있고 물고기의 모양과 비슷하게 생겼으니 물고기 같다고 생각한 거죠.

그러던 어느 날 아리스토텔레스는 바닷가에서 어부들이 막 잡은 고래의 배를 가르는 모습을 보고 크게 놀랐습니다. 고래의 배 속에 고래 새끼가 들어 있었기 때문입니다.

"아니, 물고기는 알을 낳는데 고래는 새끼를 낳잖아. 음……, 소 역시 새끼를 낳는 동물이지. 그렇다면 고래는 물고기와 모양은 비슷하지만 그것은 물에서 살기 위해 모습만 그런 것이고, 사실은 새끼를 낳는 동물과 같은 무리구나."

이와 같이 아리스토텔레스는 세심한 관찰과 추리를 통해 당시의 사람들이 생각하지 못했던 새로운 분류 방법을 찾아내, 생물 수백여 종을 분류하였습니다. 예를 들면 동물은 피가 흐르는 것과 흐르지 않는 두 무리로, 식물은 풀, 작은 나무, 큰 나무의 세 무리로 나누었지요.

그런데 당시에는 아리스토텔레스처럼 과학적 관찰을 토대로 생물을 분류한 학자들이 그리 많지 않았습니다. 특히 중세 시대에는 새로운 발견보다는 그리스 시대의 책에만 의존했는데, 이런 상황은 내가 분류에 대해 공부할 때까지도 계속되었습니다.

내가 태어날 무렵에는 항해술의 발달로 새로운 대륙이 발견되어 그만큼 새로운 동식물이 많아졌습니다. 17세기까지 알려진 생물의 수는 6,000여 종 정도였으나, 18세기에 들어서는 2배 이상 기하급수적으로 증가했습니다. 이렇게 빠른 속도로 새로운 생물이 발견되자 더 이상 이전의 방법으로는 생물을 나눌 수 없게 되었습니다.

앞에서 내가 여러 나라로 식물 채집 여행을 다녀온 이야기를 했었죠? 그런데 새로운 식물을 잔뜩 채집해 온 뒤가 문제였다는 말도 했었나요? 도대체 그 많은 식물들을 어떻게 분류해야 할지 모르겠더라고요. 그때까지 나온 식물 분류에 관한 모든 책과 논문을 찾아 읽어 보았지만, 학자들마다 분류한 방법이 다르고 무엇인가 부족한 점들이 많아 믿을 수가 없었습니다.

그래서 나는 누가 봐도 믿을 수 있고, 모든 식물에 다 적용할 수 있는 효과적인 분류 방법은 없을까 고민하게 되었습니다. 그리고 완벽한 식물의 분류 방법을 알아내기 위해 식물의 생김새를 유심히 관찰하였습니다. 그 결과 식물을 분류하는 가장 큰 기준을 꽃이 피는 것과 피지 않는 것으로 결정하게 되었습니다. 꽃이 피는 식물은 씨로 번식을 하지만, 꽃이 피지 않는 식물은 홀씨(포자)로 번식하므로 번식 방법이 식물을 나누는 가장 큰 기준이 될 수 있을 것으로 생각했기 때문입니다.

그럼 같은 씨인데 왜 하나는 그냥 씨라고 부르고, 하나는 홀씨라고 부를까요? 그 까닭은 식물의 번식 방법이 다르기 때문에 구별해서 부르는 거예요.

　꽃이 피는 식물에 생기는 것은 씨라고 부르고, 꽃이 피지 않는 식물에 생기는 씨는 구별하기 위해 홀씨라고 부릅니다. 내 분류에 따르면 꽃이 피지 않고 홀씨(포자)로 번식하는 식물에는 고사리, 이끼, 미역, 다시마 같은 것들이 포함됩니다.

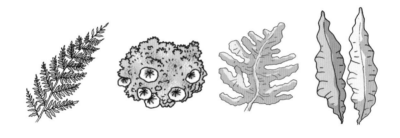

꽃을 보며 좀 더 알아봅시다.

린네와 학생들은 꽃이 피는 식물의 생김새를 유심히 관찰했습니다.

꽃을 이루고 있는 공통된 부분은 무엇인가요?
　＿암술, 수술, 꽃잎, 꽃받침입니다.
　맞아요. 꽃에서 가장 중요한 부분은 번식을 담당하는 암술

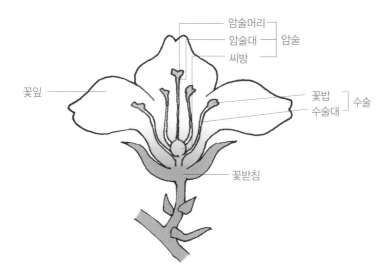

꽃잎
암술머리
암술대 — 암술
씨방
꽃밥
수술대 — 수술
꽃받침

과 수술이지요. 암술은 사람으로 치면 엄마라고 할 수 있어
요. 암술은 밑씨를 만들고, 몸속에 있는 씨방에 밑씨를 저장
하지요. 그러면 수술은 누구라고 생각하나요?

__아빠요.

예, 맞아요. 수술은 아빠랍니다. 수술은 꽃가루를 가지고
있어요. 이 수술의 꽃가루가 암술머리에 묻어서 씨를 만든
답니다. 암술과 수술의 모양을 자세히 살펴보면 꽃이 피는
식물의 꽃을 24가지로 나눌 수 있습니다.

예를 들면 수술의 수가 1개인 것, 2개인 것, 3개인 것, 여
러 개인 것 그리고 수술의 밑부분이 암술과 붙은 것 등의 분
류 기준을 세워서 말이죠.

나는 수술과 암술의 수와 유형을 기준으로 7,700종의 식물을 나눌 수 있었습니다. 그리고 이전의 학자들이 쓴 책과는 차별되는 책인 《자연의 체계》를 펴냈습니다. 이 책에서 나는 식물의 겉모습뿐만 아니라 세로로 자른 꽃의 모습 등을 최대한 실물과 똑같이 그려 넣어 사람들이 어떤 식물인지 금방 알 수 있도록 하였습니다.

　　그리고 사람의 성과 이름처럼 식물에도 그 특징에 따라 라틴어로 된 이름을 지어 전 세계에서 공통으로 사용하도록 했습니다. 내가 창안한 분류 방법은 동식물을 분류하는 데 매우 편리했기 때문에 학계에서 큰 호응을 받았습니다.

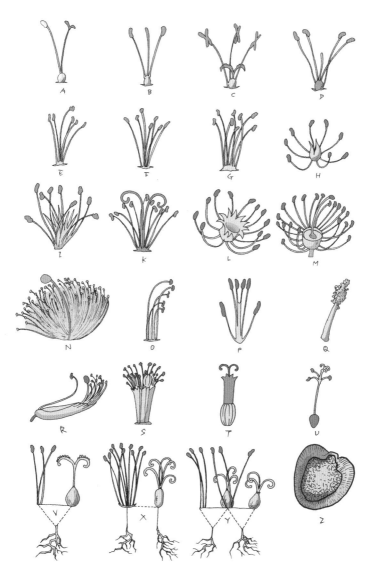

린네의 식물계 분류 - 24개의 강(class)

만화로 본문 읽기

아리스토텔레스는 자연 분류 방법으로 생물을 분류한 최초의 과학자예요.

고래가 정말 물고기일까? 지느러미가 있고 물고기의 모양과 비슷하게 생겼으니까 물고기 같은데….

헉, 고래는 알이 아니라 새끼를 낳잖아! 그렇다면 고래는 물고기 같지만 새끼를 낳는 동물과 같은 무리구나!

아리스토텔레스는 철학자로 유명하지만, 많은 과학적인 발견을 한 과학자이기도 해요.

그런데 자연 분류 방법이란 무엇인가요?

생물을 몸의 구조, 번식 방법, 내부 구조 등 같은 특징을 가진 것끼리 분류하는 방법을 '자연 분류'라고 해요.

당시에는 과학적 관찰을 토대로 생물을 분류한 학자들이 많지 않았나요?

풀 작은 나무 큰 나무

네. 특히 중세 시대에는 발견보다는 그리스 시대의 책에만 의존했지요. 이런 상황은 내가 분류에 대해 공부할 때까지도 계속되었어요.

그럼 선생님은 어떻게 식물을 분류하게 되었나요?

나는 세계 여러 나라에서 식물을 채집하였지만, 적당한 분류 방법이 없었어요. 그래서 효과적인 분류 방법을 고민하다가 꽃을 기준으로 식물을 분류하게 되었죠.

그러셨군요.

꽃이 피는 식물과 피지 않는 식물로 분류하는 거야!

3

분류와 진화와의 관계

분류와 진화는 어떤 관계가 있을까요?
진화론이 분류학에 미친 영향을 알아봅시다.

3

분류와 진화와의 관계

린네가 자신에게 큰 영향을 준
진화론에 대해 알려 주기 위해
세 번째 수업을 시작했다.

지난 시간에는 분류학이 어떻게 발달되어 왔는지, 또 내가 만든 식물 분류 체계는 어떤 기준으로 만들어진 것인지에 대해 배웠습니다.

여기서 한 가지 고백하자면 내가 만든 분류 체계 중 오늘날 사용되지 않는 것도 있답니다. 그것은 다른 학자들이 식물을 분류하는 데 더 알맞은 기준을 발견했기 때문입니다. 그리고 그러한 기준을 발견하는 데 커다란 영향을 준 진화론이 바로 오늘 이야기할 주제입니다.

진화론에 대해서 들어 본 사람은 손을 들어 보세요.

학생 중 몇 명은 손을 들고 몇 명은 가만히 있었다.

진화론은 과학의 발전에 아주 많은 영향을 끼친 이론이랍니다. 지금 이 수업에서는 진화론이 분류학에 미친 영향에 대해서만 간단히 이야기하려고 합니다.

진화론을 주장한 학자는 다윈(Charles Darwin, 1809 ~1882)입니다. 다윈은 나와 마찬가지로 어려서부터 생물을 관찰하고, 생물의 모습이나 생활 습관 등을 기록하는 것을 좋아했습니다. 아버지처럼 의사가 되기 위해 의대를 간 것도 나와 같은 점이에요. 또한 다윈 역시 나와 마찬가지로 의학 공부에는 별로 관심이 없었고, 과학을 좋아하는 다른 친구들과 함께 야외로 생물 채집을 나가거나, 과학 강연 듣는 것을 좋아했답니다.

다윈은 1831년에 영국 해군에 속한 비글 호라는 배에 군의관으로 타게 되었습니다. 비글 호는 약 5년간 남아메리카와 남태평양의 여러 지역을 탐험하고, 1836년에 영국으로 귀환하였습니다.

다윈은 이 시기에 여러 지역을 탐사하고 그 지역의 지질학적 특징이나 생물의 분포 등을 자세히 기록하여 《비글 호 항해기》라는 책을 펴냈습니다. 다윈이 여행했던 여러 지역 중 가장 인상이 깊었던 곳은 남아메리카의 에콰도르 해안에서 약 1,000km 떨어진 갈라파고스 제도였습니다. 제도란 수많은 섬이 모여 있는 곳을 말합니다.

다윈은 이곳에서 5주 정도를 보내면서 이전에는 볼 수 없었던 새로운 암석과 동식물을 발견할 수 있었습니다. 그중에서 다윈의 흥미를 끈 것은 핀치새라는 조그만 새였습니다. 갈라파고스 제도에는 각 섬마다 조금씩 부리 모양이 다른 핀치새가 살고 있었습니다.

핀치새뿐만 아니라 다른 동물들도 섬에 따라 조금씩 생김새가 달랐습니다. 다윈은 '왜 섬마다 생물의 모습이 조금씩 다를까?' 궁금했습니다. 또한 다른 섬의 핀치새와는 교배를 해서 새끼를 낳을 수도 없었습니다.

당시에 널리 퍼져 있던 생각은 창조론이었습니다. 창조론이란 신이 모든 생물을 만들었고, 한 번 만든 창조물은 절대 변하지 않는다는 내용입니다. 창조론대로라면 갈라파고스 제도에 살고 있는 핀치새의 모양은 모두 같아야 합니다. 하지만 결과는 그렇게 나타나지 않았습니다. 다윈은 이러한 현상에 대해 많이 고민하게 되었고, 그렇게 해서 만들어 낸 이론이 바로 진화론입니다. 다윈은 《종의 기원》이라는 책에서 진화론에 대해 설명하였습니다.

다윈의 진화론에 따르면 핀치새의 부리 모양이 변한 것은 다음과 같이 설명할 수 있습니다.

　처음에 각 섬에 퍼진 핀치새는 1종류였다. 그런데 한 섬은 껍질이 딱딱한 나무 열매가 풍부하고, 다른 한 섬은 작은 풀씨가 풍부하고, 또 한 섬은 나무 속에 구멍을 뚫고 사는 벌레가 많았다.

　그래서 한 섬에서는 딱딱한 나무 열매를 먹기에 알맞은 두꺼운 부

리를 가진 핀치새만이, 다른 한 섬에서는 풀씨를 먹기에 알맞은 작은 부리를 가진 핀치새만이, 나머지 한 섬에서는 나무 속의 벌레를 잡아먹을 수 있는 길쭉한 부리를 가진 핀치새만이 살아남았다. 그리고 이 부리의 특징은 자손 대대로 물려받아 나중에는 각 섬의 핀치새들이 각각 다른 종이 되어 서로 번식하지 못하게 되었다.

이와 같이 생물이 오랜 세월에 걸쳐 형태나 구조가 조금씩 변하는 것을 진화라고 합니다. 생물의 진화는 간단한 형태에서 복잡한 형태로, 하등한 생물에서 고등한 생물로 변하게 됩니다. 이런 과정을 거쳐 생물의 종류가 다양해지고, 몸의 형태가 점차 복잡하게 된 것입니다.

그렇다면 진화가 분류학에 어떤 영향을 끼쳤을까요?

먼저 생물을 나누는 분류 기준이 더 다양해졌다는 것입니다. 그동안의 분류 기준은 생물의 겉모습이나 내부 구조 등으로 제한되어 있었으나, 진화와 유전이라는 개념이 알려진 이후로는 생물의 유전자를 분석하여 같은 종류인지 다른 종류인지를 알아보는 방법도 새로운 분류 기준이 되었습니다.

또한 다양한 생물들 사이에 서로 가깝고 먼 관계를 알 수 있게 되어 생물을 더 큰 무리로 묶을 수 있게 되었습니다. 예를 들어 개와 늑대는 각각의 조상을 거슬러 올라가다 보면 같은 조상이 있음을 알 수 있습니다. 따라서 개와 늑대는 서로 친척인 셈이지요. 이러한 진화론을 바탕으로 새로운 분류 기준이 나오고, 분류학도 시간이 지남에 따라 점점 추가되는 내용이 많아졌답니다. 이와 같이 진화론이 분류학에 미친 영향은 매우 큽니다.

진화론이 식물의 분류 기준을 발견하는 데 커다란 영향을 주었다는 걸 알고 있나요?

진화론을 주장한 학자는 다윈이잖아요.

맞아요. 다윈은 의사가 되기 위해 의대에 갔지만, 생물을 관찰하고 그 모습이나 생활 방식을 기록하는 것을 더 좋아했어요.

생물 관찰을 좋아하는 것도 의대에 간 것도 모두 린네 선생님과 똑같네요.

그러다 군의관이 되어 갈라파고스 제도에 가게 되었는데, 각 섬마다 조금씩 부리 모양이 다른 핀치새를 발견하였지요.

같은 새인데 왜 섬마다 부리 모양이 조금씩 달랐나요?

그래요. 당시의 창조론대로라면 갈라파고스 군도에 살고 있는 핀치새의 모양은 모두 같아야 했죠.

모든 생물은 신이 만들었는데…

실제 핀치새의 부리 모양과 창조론 사이에서 많은 고민을 했겠군요.

네. 고민 끝에 각 섬마다 먹이가 달라 부리 모양이 변했다는 것을 알아내고 진화론을 주장하게 되었지요. 다윈은 이것을 《종의 기원》에서 설명했지요.

그러면 진화가 분류학에 어떤 영향을 끼쳤나요?

섬마다 먹이가 달라서 부리의 모양이 다른 거야!

생물을 나누는 분류 기준이 더욱 다양해졌어요. 유전이라는 개념이 생긴 후로는 생물 유전자를 분석해서 종류를 나누는 것도 새로운 분류 기준이 되었지요.

그렇군요.

종이란 **무엇**일까요?

분류의 기본 단위인 종의 뜻과 우리가 잘못 알고 있는
종의 개념에 대해 알아봅시다.

4

린네가 학생들에게 질문을 하며
네 번째 수업을 시작했다.

오늘날 지구상에 살고 있는 생물의 수가 얼마나 되는지 알
고 있나요?

__약 180만 종이 있다고 알고 있습니다.

네. 잘 알고 있군요. 사실 우리가 이야기하고 있는 이 순간
에도 새로운 종이 계속 발견되고 있습니다. 아직까지 발견되
지 않은 종을 포함하면 1,000만~1억만 종의 생물이 있을 것
으로 생각되고 있지요.

그런데 분류학에서 자주 나오는 '종'이라는 단어의 뜻은 무
엇일까요?

＿생물의 종류를 말하는 것 아닐까요?

　＿다른 점이 있는 생물을 각각 다른 종으로 분류하는 것 아닐까요?

　어느 정도 맞는 이야기이지만, 무엇인가 부족한 것 같군요. 예를 들어 질문하지요. 사자와 호랑이는 다른 종일까요? 같은 종일까요?

　＿다른 종입니다.

　네, 맞아요. 문제가 너무 쉬웠나 보군요.

　여기 다양한 종류의 개의 모습이 있습니다. 이들은 서로 같은 종일까요? 다른 종일까요?

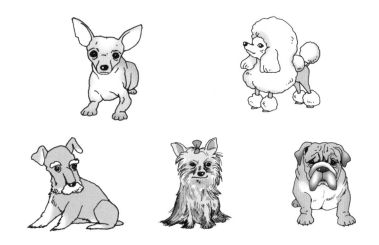

　학생들의 의견이 반으로 나뉘었다. 몇몇 학생들은 같은 종이라고

이야기하고, 몇몇 학생들은 다른 종이라고 이야기하였다.

　의견들이 다양하군요. 그럼 왜 그렇게 생각하는지 누가 말해 볼래요?

　__잘은 모르겠지만, 일단 개라고 불리는 무리에 속하니까 같은 종이 아닐까요?

　__하지만 개마다 생김새나 몸의 크기가 다 다르잖아요. 이런 것은 분류 기준이 될 수 있으니까 다른 종일 것 같아요.

　여러분이 종의 개념을 확실히 알고 있다면 답을 알기가 쉬울 거예요. 호랑이와 사자를 서로 다른 종이라고 생각한 것은 한눈에 보기에도 그 둘의 특징이 다르기 때문이었죠.

　하지만 모양이 거의 비슷해 두 생물이 같은 종인지 다른 종인지 정하기 어려울 때도 있습니다. 이럴 때는 학자들마다 의견이 다를 것입니다. 왜 이런 현상이 나타났는지는 지난 시간에 이야기했던 진화와 관계가 있답니다. 적은 수의 생물이 진화를 통해 다양한 생물이 나오게 되었다고 이야기했지요?

　그렇다면 어떻게 다양한 생물이 나오게 되었을까요?

　다람쥐를 예로 든 다음 페이지의 그림을 봅시다.

　__네, 선생님.

위의 다람쥐처럼 같은 무리에 속했던 동물이 여러 가지 원인으로 멀리 떨어지게 되면, 분리된 각각의 무리에서만 짝짓기를 하게 되겠지요.

식물의 경우도 마찬가지랍니다. 식물이 자손을 남기기 위해서는 수술의 꽃가루(화분)와 암술의 밑씨가 만나는 수정이 필요합니다. 그런데 아주 멀리(바람이나 곤충이 수분을 도와줄 수 없을 정도를 말함) 떨어지게 되면, 어쩔 수 없이 같은 지역 내의 식물끼리 교배하여 자손을 남기게 되겠지요.

만약 사람이 인공적으로 교배를 시켜준다면 멀리 떨어져

있어도 자손을 남길 수 있어요. 하지만 아주 오랜 시간이 지나게 되면, 두 지역에 나뉜 생물은 각각의 환경에 적응해 몸이 달라지고, 더 이상 다른 곳에 있는 생물을 같은 무리로 여기지 않게 되요. 그럴 경우 나중에는 서로 만나게 되도, 교배를 할 수 없게 되는 것이지요. 이렇게 되면 결국 두 지역의 생물은 각각 다른 종이 된답니다. 이제 종의 의미를 알겠나요?

여러분이 알기 쉽게 종의 의미를 정리하면 다음과 같아요.

- 종은 모양과 생활 방식이 거의 비슷한 생물의 무리를 말한다.
- 같은 종끼리는 교배가 가능해야 한다.
- 그 사이에서 태어난 2세도 자손을 낳을 수 있어야 한다.

그럼 앞에서 내가 물어봤던 질문의 답은 무엇인가요? 그림 속의 개들은 같은 종일까요, 아니면 다른 종일까요?

__ 같은 종입니다.

네, 흔히들 여러 가지 개의 종류를 각각 다른 종으로 잘못 아는 경우가 있습니다. 하지만 치와와와 푸들 사이에서 새끼가 태어나고, 또 그 새끼가 자라서 다시 새끼를 낳을 수 있지요? 따라서 개는 종류가 다양하다 하더라도 모두 같은 종이랍니다.

그럼 여러 가지 개의 종류를 뭐라고 할까요? 치와와, 푸들, 요크셔테리어와 같이 개에 속하면서 다양한 생김새를 갖고

과학자의 비밀노트

품종(breed)
품종이란 인간이 어떤 목적을 가지고 인공적으로 교배를 시켜서 만들어 낸 것으로, 같은 종에 속하면서도 생김새가 다른 다양한 종류의 생물이다. 이는 관상용으로 생물을 기르거나 가축이나 곡식을 기를 때, 더 우수한 특징을 가진 것을 만들어 내기 위한 방법이다.
　예를 들어, 장미를 관상용으로 기르기 위해 여러 가지 방법으로 교배를 시켜서 다양한 색깔과 크기, 꽃잎 수도 5장인 것에서부터 수십 장에 이르기까지 다양한 모양의 장미를 만든 경우를 말한다.

있는 것을 품종이라고 합니다.

　그런데 서로 다른 종에 속하는 동물들 사이에서 새끼가 태어나는 경우도 있습니다. 예를 들어 수사자와 암호랑이 사이에서 태어난 라이거, 말과 나귀 사이에서 태어난 노새 등이 바로 그것입니다. 라이거의 이름은 사자(라이온)와 호랑이(타이거)의 이름을 반씩 따서 붙였습니다. 생김새는 전체적으로 사자를 닮았고, 줄무늬는 호랑이를 닮았습니다. 노새의 생김새를 살펴보면 머리통이 짧고 귀가 길며, 크기는 나귀와 말의 중간입니다. 힘이 센 점은 말을 닮았고, 참을성이 강한 것

은 나귀를 닮았습니다.

그렇다면 사자와 호랑이, 말과 나귀가 같은 종일까요? 그 것은 아닙니다. 왜냐하면 이들 사이에서는 자손이 태어났지만 라이거나 노새는 자손을 낳을 수 없기 때문입니다. 즉 종의 정의 중 세 번째 내용에 어긋나기 때문에 사자와 호랑이, 말과 나귀를 각각 다른 종으로 분류한답니다.

아까 생물 분류의 기본 단위가 종이라고 했지요? 그런데 생물학자들이 새로운 생물을 자꾸 발견함에 따라 종보다 더 세분화된 분류 기준이 필요하다는 것을 알게 되었습니다.

예를 들면, 어떤 조류학자가 강원도 산골에서 까치를 발견했는데 일반적인 까치의 모습과는 달리 꼬리의 길이가 조금 짧았습니다. 같은 종으로 보기에는 꼬리의 길이가 차이가 나고, 다른 종으로 보기에는 까치와 굉장히 비슷할 경우 어떻게 구분을 해야 하나 난감하지요.

이럴 경우 종보다 한 단계 아래로 분류하면 될 것입니다. 이처럼 같은 종인데 지역에 따라서 생김새나 색깔에 약간의 차이를 보여 좀더 세세한 구분이 필요할 때 종의 바로 아래 단계인 아종이라는 분류 단위를 이용합니다.

조류학자가 이 까치를 강원도에서 발견했기 때문에 강원까치라는 이름을 붙였다고 한다면, 이는 까치의 아종이 되는

셈입니다. 강원까치는 까치의 아종이기 때문에 까치와 교배해도 생식력이 있는 자손을 낳을 수 있겠지요.

만일 아주 오랜 시간이 흘러 강원까치와 까치의 특징이 많이 달라지고 더 이상 교배가 되지 않는다면, 이때는 강원까치가 까치 종에 속하는 것이 아니라 다른 종이 될 것입니다. 이제 종의 의미에 대해 확실히 알 수 있겠지요?

만화로 본문 읽기

이 개들은 서로 같은 종일까요, 다른 종일까요?

글쎄요, 일단 개라고 불리는 무리에 속하니까 같은 종이 아닐까요?

개마다 생김새나 몸의 크기가 다 다르니까 다른 종 같은데….

저 개들은 모두 같은 종이랍니다.

그렇군요. 이유가 뭔가요?

종의 개념을 확실히 알고 있다면 답을 알기가 쉬워요. 종의 의미를 정리하면 다음과 같지요.

1. 종은 모양과 생활 방식이 거의 비슷한 생물의 무리를 말한다.
2. 같은 종끼리는 교배가 가능해야 한다.
3. 그 사이에서 태어난 2세도 자손을 낳을 수 있어야 한다.

예를 들어 치와와와 푸들 사이에서 새끼가 태어나고, 그 새끼가 자라서 다시 새끼를 낳을 수 있으므로 개의 종류가 다양하다 하더라도 모두 같은 종이지요.

그렇군요.

그러면 치와와, 푸들, 요크셔테리어 같은 여러 개들의 종류를 뭐라고 하나요?

개에 속하면서 다양한 생김새를 갖고 있는 것을 품종이라고 해요.

" 품종이 다르다 "

품종이요?

품종이란 인간이 인공적으로 교배시켜서 만들어낸 것인데, 같은 종에 속하면서도 생김새가 다른 다양한 종류의 생물이지요.

관상용이나 식용으로 기르는 식물 같은 것 말이군요.

한라봉

금귤

귤

5

생물 분류의
단계를 알아볼까요?

종은 생물 분류의 기본 단위이며, 그 외에도 여러 가지 분류 단계가 있습니다.
생물의 분류 단위인 종, 속, 과, 목, 강, 문, 계에 대해 알아봅시다.

5

다섯 번째 수업

생물 분류의
단계를 알아볼까요?

린네가 지난 시간
수업 내용을 언급하며
다섯 번째 수업을 시작했다.

지난 시간에는 생물을 구분하는 최소한의 단위인 종에 대
해 배웠습니다. 생물을 분류하는 방법을 알았으니 이제 더
이상 분류에 관한 수업은 할 필요가 없을까요? 그렇지는 않
아요. 아직 남아 있는 문제가 많이 있답니다.

이 세상에 모든 생물의 정보를 보관하고 있는 도서관이 있
다고 가정해 봅시다. 모든 생물은 종별로 책 한 권에 모든 정
보가 기록되어 있습니다. 지난 시간에 모두 180여만 종의 생
물이 있다고 했으니, 이 도서관에 있는 책은 총 180여만 권이
되겠군요.

예를 들어 여기서 호랑이에 관한 정보가 담긴 책을 찾는다고 합시다. 그런데 이 도서관에는 책들이 규칙성 없이 꽂혀 있습니다. 운이 좋다면 몇 번 만에 찾을 수 있겠지만, 운이 나쁘다면 온 서가의 책을 다 뒤져야 합니다. 만약 1초에 한 권씩 책의 제목을 읽어 나간다고 가정해 봅시다. 이 가정 아래 도서관에 있는 책의 제목을 다 보려면 24시간 동안 잠시도 쉬지 않고 약 16일 동안이나 서가에 있어야 합니다.

문제는 또 있습니다. 어떤 생물학자가 새로운 종을 발견해서 책을 한 권 만들었다고 가정해 봅시다. 도서관에 책을 보관해야 하는데 지금과 같이 책을 분류하는 방법이 없다면 그 책은 아무 데나 꽂혀 있게 될 것이고, 그러면 계속 불편하게 책을 찾아야 할 거예요. 이런 일을 막기 위해서는 종보다는 좀 더 큰 분류 단위가 필요합니다.

그렇다면 더 큰 분류 단위는 어떤 기준으로 만들면 될까요? 생물을 자세히 살펴보면 생김새나 생활 방식 등이 어느 정도 비슷한 것도 있고 완전히 다른 것도 있습니다. 따라서 비슷한 종의 생물끼리 묶어 하나의 무리를 만들고 그렇게 만들어진 여러 무리 중에서 서로 비슷한 것끼리 다시 묶어 더 큰 무리로 만든다면 보다 쉽게 생물을 구별할 수 있겠지요. 이렇게 종을 기본으로 해서 서로 비슷한 생물끼리 묶어 더 큰 무리로 묶는 단계가 있습니다.

종 – 속 – 과 – 목 – 강 – 문 – 계

이 중에서 가장 큰 단위와 가장 작은 단위는 무엇일까요?

__가장 큰 단위는 계이고, 가장 작은 단위는 종입니다.

네, 맞아요. 만일 위의 단계만으로 부족할 경우에는 각 단계 사이에 '아'를 붙인 중간 단계를 두기도 한답니다. 지난 시간에 배웠던 '아종'이 기억나지요? 아종은 종의 바로 아래 단계였습니다.

(아종) – 종 – (아속) – 속 – (아과)–과 – (아목) – 목 – (아강) – 강 – (아문) – 문 – (아계)–계

이와 같은 방법을 사용하면 도서관의 책들을 정리하는 것이 훨씬 쉬워지겠군요.

따라서 단계별로 분류하여 책을 정리해 놓았을 때 호랑이가 속하는 분류 단계를 알아보면, '동물계-척색동물문-포유강-식육목-고양잇과-고양이속-호랑이종'에 속하는 것을 알 수 있습니다. 따라서 척색동물문의 책이 담긴 방으로 들어가 각각

의 분류 단계에 맞춰 찾아보면 쉽게 찾을 수 있을 것입니다.

이렇게 작은 단계에서 큰 단계로 생물을 묶는 것은 각각의 생물이 속하는 무리를 금방 알 수 있다는 점에서 매우 편리합니다. 실제로 생물도감은 이와 같은 분류 단계를 기준으로 생물을 정리해 놓습니다.

분류 단계를 사용하여 얻을 수 있는 장점은 또 있습니다.

다음의 생물들을 보고 어떤 생물들이 가까운 사이인지 알아보세요.

__생물들 간에 별로 같은 점이 없어 보여서 잘 찾을 수가

없어요.

　__ 찔레꽃은 식물이라서 다른 동물들이랑 다르다는 것은 알겠는데 더 이상은 모르겠어요.

　이렇게 사진만 가지고는 여러분이 다양한 생물을 어떻게 구별해야 할지 모를 것입니다. 그림의 동물들을 다시 분류 단계에 맞추어 적어 볼게요.

종	속	과	목	강	문	계
사람	사람속	사람과	영장목			
고양이	고양이속	고양잇과	식육목	포유강		
호랑이						
개	개속	갯과			척색 동물문	동물계
제비	제비속	제빗과	참새목	조강		
구렁이	구렁이속	뱀과	뱀목	파충강		
두꺼비	두꺼비속	두꺼빗과	개구리목	양서강		
호랑나비	호랑나비속	호랑나빗과	나비목	곤충강	절지 동물문	
달랑게	달랑게속	달랑겟과	십각목	갑각강		
찔레꽃	장미속	장미과	장미목	쌍떡잎식물강	종자식물문	식물계

　위의 표에 나와 있는 모든 용어를 다 외울 필요는 없어요. 표를 보고 제대로 해석만 할 수 있으면 된답니다. 아까 그림만 봤을 때와는 달리 각 생물의 소속이 정해졌지요? 종 단계에서 보면 10가지의 생물이 모두 다른 종에 속하기 때문에 공통점이 없어요. 속 단계를 봅시다. 고양이와 호랑이가 같은 고양이속에

속하는 동물이군요. 10가지 동물 중에서 이 두 동물이 가장 가까운 사이가 되겠군요. 과 단계는 같은 과에 속하는 생물이 없으니 넘어가고, 목 단계를 살펴보면 개가 고양이, 호랑이가 식육목이라는 같은 목에 속해 있는 것을 알 수 있어요. 다른 7종류의 생물보다는 개, 고양이, 호랑이가 좀 더 가까운 사이가 되는군요.

이렇게 계속 묶어 가다 보면 사람부터 달랑게까지는 동물계에 속하게 되고 찔레꽃은 식물계에 속하게 되어 10개의 생물을 크게 두 무리로 나눌 수 있겠네요. 지금까지 제가 말한 내용으로 무엇을 알 수 있나요?

__분류 단계를 살펴보니 여러 종의 생물 중에서 비슷한 특징을 가진 생물을 알 수 있어요.

아까 고양이, 호랑이, 개를 예를 들어 보죠. 아주 오랜 옛날에 고양이, 호랑이, 개의 공통 조상인 어떤 동물이 있었는데, 다양한 환경에 퍼져 살다 보니 조금씩 생김새가 다른 동

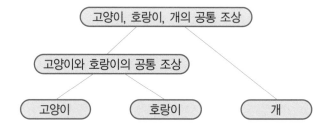

물들이 나오게 되었습니다. 그중 한 무리는 오늘날의 개가 되고, 다른 무리는 고양이와 호랑이의 공통 조상이 된 다음, 또 오랜 시간이 흘러 다시 호랑이와 고양이로 나뉘게 되었다는 것을 알 수 있습니다. 이것 역시 진화에 의해 나타난 결과입니다.

진화에 의해 종이 나뉘게 되었다는 증거는 화석을 통해서 증명되고 있습니다. 예를 들어 시조새 화석을 보면 언뜻 보기에는 새처럼 보이지만 새의 특징과 도마뱀의 특징을 모두 가지고 있습니다.

새의 특징에는 어떤 것이 있나요?

__ 깃털이 있고, 날개가 있고, 부리가 있다는 점입니다.

도마뱀의 특징으로는 어떤 것이 있나요?

__ 날개 끝에 다리가 달려 있어요.

__ 부리에 이빨이 있어요.

시조새와 화석

＿화석을 보니 꼬리뼈가 있어요.

시조새 화석을 발견함으로써 시조새는 새와 도마뱀의 공통 조상이 되는 동물이라는 것을 알게 되었습니다.

지금까지는 몇 가지 생물에 대해서만 알아보았지만, 지금까지 발견한 모든 생물을 각각 분류 단계별로 묶어서 나타내면 다음과 같습니다.

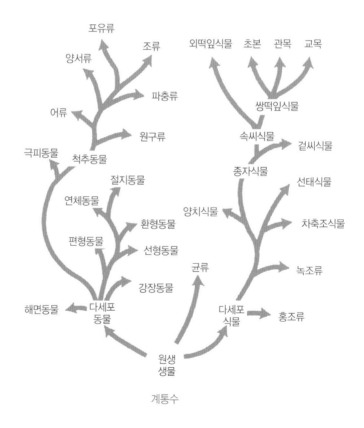

이 그림에서도 생물의 명칭을 모두 외울 생각은 버리고 모양만 잘 보면 됩니다. 모양이 나뭇가지가 뻗어나가는 것과 비슷하다고 해서 계통수라고 부르지요.

이 계통수에서 화살표 끝에는 분류의 가장 작은 등급인 종이 놓이고, 그들의 조상은 화살표가 갈라지는 부분에 자리하게 됩니다. 아래로 갈수록 더 큰 무리의 조상이 나타나는데 이것은 보다 원시적인 생물입니다. 또한 가까운 곳에 있는 생물들은 서로 공통점이 많은 것이고, 멀리 떨어져 있을수록 공통점보다는 차이점이 많은 것입니다. 예를 들어 포유류는 어류보다는 조류와 더 가까운 사이입니다. 또 포유류보다는 원생생물(단세포 생물)이 하등한 생물입니다.

과학자의 비밀노트

시조새(Archaeopteryx)
조상새라고도 하며 조류의 화석으로 가장 오래된 것이다. 이빨과 꼬리뼈 및 앞발톱, 공룡과 매우 비슷한 골격을 가지고 있으면서도 새의 깃털을 갖고 있던 공룡과 새의 중간에 해당하는 동물이다. 시조새의 화석은 1861년 독일 남부의 졸른호펜(Solnhofen)의 한 채석장에서 처음으로 발견되었다.
이 새는 쥐라기 말기인 1억 5,000만 년 전에 살았던 것으로 추정되며 시조새의 기원을 설명해 주는 중요한 역할을 하고 있다.

분류의 단계 중, 계에 관한 이야기를 조금 더 해 본다면 내가 생물을 분류했을 당시에는 크게 식물계와 동물계로 나누었습니다. 그러다가 현미경이 발달하면서 아메바, 짚신벌레, 세균 등과 같은 미생물들이 발견되었습니다. 이러한 미생물을 한데 모아 원생생물이라는 이름을 붙여 원생생물계, 식물계, 동물계 이렇게 3개의 계로 나누게 되었습니다. 오늘날에는 원생생물계에서 원핵생물계를 분리하고, 식물계에서 균계(버섯이나 곰팡이 등이 여기에 속함)를 분리해서 원핵생물계, 원생생물계, 균계, 식물계, 동물계인 5계로 분류하고 있습니다.

　하지만 이것도 확실하게 정해진 것은 아닙니다. 시간이 지남에 따라 새로운 생물이 발견되고, 새로운 기준이 나오게 되면 새로운 분류 체계가 생길 수도 있거든요. 이처럼 생물을 분류하는 방법은 시간이 지날수록 달라질 수 있답니다.

선생님, 지난 시간에 생물을 구분하는 최소 단위인 종에 대해 배웠으니까 생물을 분류하는 방법을 알았으니까 이제 분류에 관한 건 다 배운 거죠?

아니에요. 종보다 좀 더 큰 분류 단위가 있어요.

더 큰 분류 단위는 어떤 기준으로 만드나요?

비슷한 종끼리 묶어 하나의 무리를 만들고, 그렇게 만들어진 무리 중에서 서로 비슷한 것끼리 다시 묶어 더 큰 무리로 만들면 쉽게 생물을 구별할 수 있어요.

이렇게 종을 기본으로 해서 서로 비슷한 생물끼리 묶어 더 큰 무리로 묶는 단계에는 '종-속-과-목-강-문-계'의 7가지가 있어요.

종 말고도 단계가 많군요.

그게 다가 아니에요. 만일 이러한 분류만으로 부족할 경우에는 각 단계 사이에 '아'를 두기도 해요.

아종, 아문, 아속, … 이렇게요?

종-속-과-목-강-문-계

네. 만약 호랑이가 속하는 분류 단계를 알아보면, '동물계-척추동물문-포유강-식육목-고양이과-고양이속-호랑이종'에 속하는 것을 알 수 있지요.

호랑이를 예로 드니까 이해가 되네요.

(아종)-종-(아속)-속-(아과)-과-(아목)-목-(아강)-강-(아문)-문-(아계)-계

이렇게 생물을 여러 단계로 묶으면 생물이 속하는 무리를 금방 알 수 있어 편리하지요.

백과사전이나 생물 도감에서도 이런 식으로 나타낸 것을 본 것 같아요.

식육목

학명이란 **무엇**일까요?

생물의 이름인 학명에 대해 알아보고,
학명을 짓는 방법에는 어떤 것이 있는지 알아봅시다.

6

학명이란 무엇일까요?

린네가 지난 시간
배운 내용을 언급하며
여섯 번째 수업을 시작했다.

지난 시간에는 여러 가지 분류의 단위와 계통수에 대해 배웠습니다. 여러 가지 복잡한 이름들이 나왔지요. 다시 한 번 말하지만, 그것을 일일이 다 외울 필요는 없습니다.

다만 분류의 단위인 '종−속−과−목−강−문−계'는 꼭 기억해 두세요.

오늘은 생물의 이름에 관해 이야기를 할 것입니다. 이미 우리가 부르고 있는 생물의 이름이 있는데 새삼스럽게 무슨 이름에 관한 이야기를 하냐고 할지 모르지만, 생물학에서 사용되는 이름은 조금 특별하답니다.

고내기, 괴네기, 고냉이, 고냥이, 고앵이, 고애, 개내이, 깨내이

앞의 단어는 어떤 동물을 부르는 말입니다. 과연 어떤 동물일까요? 바로 고양이입니다. 이것은 한국의 각 지방에서 고양이를 부르는 이름입니다. 경상도에서는 고앵이, 함경도에서는 고애 등 고양이를 부르는 사투리가 지역마다 다릅니다. 경상도 사람과 함경도 사람이 만나 고양이에 관한 이야기를 하면 서로 부르는 이름이 다르기 때문에 쉽게 알아듣지 못하겠지요. 한 나라 안에서도 이런데 만일 세계 여러 나라 사람들이 모인 자리라면 더욱 알아들을 수 없겠지요..

이렇듯 서로 다른 이름의 사용은 일상생활에서 의사 소통이 잘되지 않는 문제를 불러일으킬 뿐만 아니라 분류학을 공부하는 학자들에게도 문제가 되었습니다. 대화가 잘되지 않는 문제도 있었지만, 학자들마다 생물에 붙인 이름이 달라 같은 생물이 여러 책에 다른 이름으로 기록되어 있는 경우도 있었습니다. 심지어 어떤 학자는 사자를 '꼬리의 끝에 뭉치가 달려 있는 고양이', 호랑이를 '길고 검은 무늬를 가진 황색 고양이'라고 기록했다고 하니 일일이 외워서 부르려면 얼마나 복잡했겠어요?

생물의 이름이 이렇게 다르다 보니 세계 여러 나라의 과학

자들은 연구하는 데 많은 어려움을 겪었습니다. 그래서 전 세계에서 공통으로 사용할 수 있는 통일된 이름이 필요하게 되었고, 이 이름을 학명이라고 부르게 되었습니다.

학명은 어떻게 지어야 할까요?

부모님께 여러분의 이름을 어떻게 지었는지 물어보세요. 아마 할아버지나 할머니가 이름을 지어 주셨을 수도 있고, 부모님이 지어주셨을 수도 있겠지요. 또는 작명소에서 이름을 지었을지도 모릅니다. 누가 지었든지 간에 그분들은 여러분의 이름을 짓기 위해 좋은 뜻을 가진 단어를 열심히 찾아보았을 것입니다.

이름을 짓는 방법은 어떠한가요? 성을 앞에 쓰고 뒤에 이름을 쓰지요. 이름은 석 자 이상 되는 긴 것도 있지만 대개는 두 자로 짓지요. 사람의 이름을 지을 때 이와 같은 규칙이 필요하듯 학명을 지을 때도 규칙이 필요해요. 그런데 내가 식물을 공부하면서 읽었던 책이나 논문에는 이런 규칙을 가진 학명이 나오지 않았답니다. 이에 나는 어떻게 학명을 짓는 것이 좋을까 고민을 하였습니다.

그러다가 사람의 이름을 지을 때 성과 이름이 있는 것처럼 학명도 2개의 이름을 붙이기로 했습니다. 2개의 이름은 분류 단위와 학명을 붙인 사람의 이름으로 이루어집니다. 우선 분류 단위는 속과 종을 사용하기로 하였고 그 뒤에 그 생물을 발견한 사람의 업적을 기리기 위해 붙인 사람의 이름(성)을 씁니다. 이러한 방법을 이명법이라고 합니다.

이명법 = 속명 + 종명 + 학명을 붙인 사람의 이름

예를 들어 사람을 학명으로 바꾸면, 다음과 같지요.

사람: *Homo sapiens* Linne
　　 호모 사피엔스 린네

내가 만든 이명법에 대해 조금 더 자세히 설명할게요. 먼저 속명과 종명은 라틴어를 사용했습니다. 세계 여러 나라 사람들이 모두 알 수 있는 이름을 붙이려고 하다 보니 영어나 프랑스어 같은 특정 나라에서만 쓰는 말로는 이름을 붙일 수 없었습니다. 당시에 라틴어는 모든 학자들이 사용하는 공통 언어였기 때문에 라틴어로 학명을 붙였지요.

그런데 오늘날에는 라틴어를 배우는 사람들이 드물어 학생들이 학명을 외우는 것을 어려워한다고 들었어요. 참 안타까운 일입니다.

나는 학명을 붙일 때는 라틴어를 사용한다는 큰 원칙을 세운 다음, 작은 원칙들을 만들었습니다. 그 원칙들은 다음과 같습니다.

1. 속명의 첫 글자는 대문자를 쓰고, 종명의 첫 글자는 소문자로 쓴다.
2. 종명 다음에는 학명을 지은 사람의 이름(성)을 쓰는데 반드시 첫 글자는 대문자로 쓴다.
3. 속명은 필요에 따라 첫 글자만 사용할 수 있다.
4. 학명을 지은 사람의 이름은 쓰지 않거나, 첫 글자만을 사용할 수도 있다.
5. 속명과 종명의 글자체는 이탤릭체(약간 옆으로 누운 글씨체)를 사용하는데 이탤릭체를 사용할 수 없을 경우에는 속명과 종명 밑에 밑줄을 긋는다.

위와 같은 원칙에 따라 사람을 나타내는 학명은 다음과 같이 여러 가지로 나타낼 수 있습니다.

사람: *Homo sapiens* Linne

Homo sapiens L.

Homo sapiens

H. sapiens Linne

H. sapiens L.

H. sapiens

<u>Homo sapiens</u> Linne

<u>Homo sapiens</u> L.

<u>Homo sapiens</u>

<u>H. sapiens</u> L.

<u>H. sapiens</u>

보기에는 복잡하게 보이지만, 앞서 제시한 5가지 규칙을 사용하면 그리 어렵지 않답니다.

이명법을 조금 응용하여 만든 삼명법도 있답니다. 눈치가 빠른 학생들은 '이름이 3개이구나!' 하고 짐작할 수 있을 거예요.

분류의 단위를 이야기하면서 종 아래의 단계인 아종이 있다고 했지요? 삼명법은 속명, 종명, 아종명, 그리고 학명을 붙인 사람의 이름의 순서로 학명을 적는 방법이랍니다.

삼명법 = 속명 + 종명 + 아종명 + 학명을 붙인 사람의 이름

예를 들면 다음과 같습니다.

한국호랑이: Panthera tigris altaica L.
<u>판테라 티그리스 알타이카 린네</u>

앞에서 학명은 라틴어를 사용하여 만든다고 했는데 혹시 종명이나 속명에 어떤 뜻이 있지 않을까 궁금하게 생각하는 학생들이 있을지도 모르겠네요. 물론 뜻이 있답니다. 학명이 아니라 일반적인 생물의 이름도 자세히 살펴보면 생물의 생 김새나 발견 장소 등을 따서 붙인 경우가 많습니다. 예를 들 어 미꾸라지는 겉이 미끈미끈한 데서 미꾸라지라는 이름이 붙었고, 남산제비꽃은 남산에서 발견된 제비꽃이기 때문에 그런 이름이 붙었답니다.

학명을 지을 때 종명은 주로 발견 장소의 이름을 따서 짓는 경우가 많습니다. 최근에는 그 식물의 특징을 나타내는 말이 나 특정 인물을 기념하기 위한 말을 붙이기도 합니다. 물론 이 모두는 라틴어이기 때문에 라틴어를 알지 못하면 어떤 뜻 인지는 알 수 없습니다.

예를 들어, 한국에서 자라는 토종 식물 중에 익모초라는 것 이 있습니다. 익모초는 여성 질병에 약으로 쓰이는 식물로

'어미에게 이로운 풀'이라는 뜻을 가졌습니다. 익모초의 학명은 '*Leonurus japonicus* Houtt'입니다. '레오누루스 자포니쿠스 하우트' 라고 읽습니다.

학명을 풀이해 보면 익모초는 하우트(Houtt)라는 학자가 일본(japonicus)에서 발견한 익모초속(Leonurus)에 속하는 식물이라는 사실을 알 수 있습니다.

한 학생이 질문했다.

__선생님, 아까 익모초는 한국의 토종 식물이라고 하셨는데 왜 일본에서 발견되었다는 뜻으로 이름이 지어졌나요?

그것은 한국에 분류학이 들어온 것이 일제 강점기였기 때문입니다. 한국의 식물을 처음 체계적으로 분류한 사람은 나카이(Nakai, 1882~1952)라는 일본의 식물학자였습니다. 나카이는 한국에서 자라는 수천 종의 식물을 채집하고 분류하였답니다. 새로 발견된 식물의 학명을 지을 때 한국에서만 자라는 식물에는 한국에서 발견되었다는 뜻의 종명인 코레아나(koreana), 꼬레아나(coreana), 꼬레아눔(coreanum), 조세니아(chosenia)와 같은 이름을 붙였지만(한국을 뜻하는 영어 단어는 Korea, Corea 등이 있는데 이 단어를 라틴어로 바꾼 것이 위의 종명임), 일본과 한국에서 모두 자라는 식물의 경우 자포니쿠스(japonicus), 자포니카(japonica) 같은 일본을 뜻하는 이름을 붙였습니다(일본의 영어 단어는 Japan으로, 이 단어를 라틴어로 바꾼 것이 위의 종명임). 그래서 익모초는 한국에서 발견된 토종 식물임에도 불구하고, 학명을 보면 일본에서 발견된 것처럼 보이는 것이랍니다.

식물뿐만 아니라 동물의 경우도 마찬가지입니다. 한국에서 발견된 동물 중에서도 많은 종류가 일본인 학자에 의해 발견되어 일본 이름을 딴 학명이 붙여졌습니다. 심지어는 일제 강점기에 조선을 지배했던 일본 총독의 이름을 따서 만든 학명도 있습니다. 한 번 만들어진 학명은 바뀌지 않으므로 고칠 수 없어 안타깝습니다.

최근에는 한국 학자들에 의해 명명된 생물도 많이 늘어나고 있습니다. 여러분도 새로운 종을 발견해 학명에 자신의 이름을 붙인다면 참으로 보람 있는 일이 될 것입니다.

그런데 새로운 종을 발견해 학명을 지어 인정을 받는 과정은 어떠할까요? 아주 엄격한 과정을 거쳐야 합니다. 먼저 내가 발견한 종이 정말 이전에 한번도 발견되지 않았던 것인지 확인해 보아야 하고, 학명을 지을 때 기존에 있는 이름과 겹치지 않는지, 분류 체계에 맞는지 확인을 해야 하고, 신종임을 증명할 수 있도록 잘 만들어진 생물 표본을 제시해야 합니다. 마지막으로 모든 것이 학회에서 인정되면, 신종으로 등록됩니다.

이렇게 내가 만든 이명법이 모든 생물의 이름을 짓는 데 적합하고 사람들이 사용하는 데 편리했기 때문에, 모든 학자들이 이명법을 이용해 생물의 이름을 붙이기로 하였고 오늘날과 같은 분류 체계도 만들었답니다.

나는 분류의 체계를 세우고 이명법을 만든 공로를 인정받아 '분류학의 아버지'라는 호칭을 얻게 되었습니다.

다음은 학명과 일반 이름의 장·단점을 표로 정리해 놓은 것입니다.

학명과 일반 이름의 장·단점

	학명	일반적으로 쓰는 이름
장점	· 널리 사용된다. · 단 하나이므로 정확하다. · 이름 속에 정보가 포함된 경우가 많다. · 생물학적으로 이용하기 편하다.	· 기억하기 편하다. · 발음하기 편하다. · 이름 속에 정보가 포함된 경우가 많다.
단점	· 기억하기 어렵고, 발음하기가 쉽지 않다 · 학자들 사이에서만 사용된다.	· 국제적으로 사용될 수 없다. · 하나의 생물에 여러 개의 이름이 있을 수 있다.

만화로 본문 읽기

선생님, 우리 할머니는 이상하게 옥수수를 옥수꾸라고 부르세요.

그것은 지역마다 옥수수를 부르는 사투리가 다르기 때문이에요.

그래서 그랬군요. 그런데 서로 다른 이름을 사용하면 의사소통이 잘되지 않아서 문제가 되지 않나요?

맞아요. 같은 생물의 이름이 달라서 여러 나라의 과학자들도 연구하는 데 많은 어려움을 겪었답니다.

그래서 전 세계 공통으로 사용할 수 있는 이름이 필요하게 되었고, 이 이름을 학명이라 부르게 되었지요.

그러면 학명은 어떻게 지어야 하나요?

학명 : 전 세계에서 공통으로 사용할 수 있는 통일된 이름

난 어떻게 학명을 짓는 것이 좋을까 고민하다가 학명에 2개의 이름, 즉 분류 단위와 학명을 붙인 사람의 이름을 붙이기로 했어요.

사람의 이름을 지을 때 성과 이름이 있는 것처럼 학명도 2개의 이름을 붙이기로 했군요.

학명 = 분류 단위
　　　 + 붙인 사람의 이름

우선 분류 단위는 속과 종을 사용하고 그 뒤에 그 생물을 발견한 사람의 이름(성)을 쓰지요. 이러한 방법을 이명법이라고 해요.

그렇군요.

나람 : *Homo sapiens*
　　　 Linne (호모 나피엔스 린네)
　　　 속명 + 종명 + 학명을 붙인 나람의 이름

다른 방법도 있나요?

이명법을 조금 응용해 만든 삼명법도 있는데, 삼명법은 속명, 종명, 아종명, 그리고 학명을 붙인 사람의 이름의 순서로 학명을 적는 방법이에요.

삼명법 = 속명 + 종명
　　　　 + 아종명
　　　　 + 학명을 붙인 나람의 이름

동물 분류 이야기

동물을 분류하는 기준과
각각의 무리에 속하는 동물을 알아봅시다.

7

동물 분류 이야기

린네가 동물 분류에 관한 주제로
일곱 번째 수업을 시작했다.

지난 시간에는 학명이 무엇인지, 왜 학명을 사용하는지, 학명을 만드는 규칙은 어떤 것이 있는지에 대해 배웠습니다. 중요한 내용이므로 꼭 기억해 두세요.

— 네, 선생님.

오늘 수업 전에 한 가지 떠올려 보아야 할 것이 있어요. 다섯 번째 수업에서 말했던 계통수라는 것 기억나나요? 혹시 기억나지 않는 학생이 있다면 63쪽을 다시 보세요.

몇몇 학생들이 책을 뒤적였다.

거기 나오는 생물의 종류가 무척 많지요? 사실 제대로 된 분류 수업을 하자면 1년을 배워도 모자란답니다. 분류학이 발전해 오는 동안 수많은 생물들이 발견되어 그 범위가 계속해서 늘어나고 있기 때문입니다. 또, 내용이 워낙 많기 때문에 여러분이 도중에 포기할 것 같아서 걱정도 됩니다. 밤새도록 고민하다가 결국, 여러분이 평소에 볼 수 있는 동물들이 속한 무리 위주로 가볍게 설명하기로 했답니다. 다음 수업 시간에 배울 식물 분류도 마찬가지입니다. 그러므로 이틀간 부담 없이 즐겁게 배웠으면 좋겠어요.

이제까지 들어 본 동물 무리의 이름에 무엇이 있었는지 한번 말해 볼까요?

__ 척추동물, 포유류, 무척추동물, 곤충류, 어류, 파충류, 연체동물, 절지동물, 양서류, 조류, 갑각류, ……

여러분이 알고 있는 동물 무리가 내가 생각했던 것보다 훨씬 많군요. 그럼 이것을 가지고 분류를 해 봅시다.

먼저 지금 여러분이 말한 동물 무리는 큰 분류 기준에 속하는 것과 그보다 작은 분류 기준에 속하는 것이 섞여 있는 상태입니다. 이것부터 먼저 정리해 보도록 하지요.

다섯 번째 수업에서 배웠던 분류 단계를 작은 단계부터 큰 단계까지 큰 소리로 말해 봅시다.

__종 – 속 – 과 – 목 – 강 – 문 – 계입니다.

중요하다고 내가 여러 번 강조한 만큼 모두 기억하고 있군요. 그러면 각각의 단계에 어떤 동물 무리가 해당하는지 알아보도록 합시다.

계	동물계							
문	연체동물문	절지동물문		척추동물문				
강		곤충강	갑각강	어강	양서강	파충강	조강	포유강
목								
과								
속								
종								

여러분이 알고 있는 동물의 무리를 분류 기준에 맞춰 다시 배열해 보니 어떤 것이 더 큰 분류 기준인지 알 수 있지요? 여러분이 알고 있는 것은 강 이상의 높은 분류 단계로군요. 그리고 '~류'라고 불렀던 것들이 강에 속하는 것임을 알 수 있어요. 척추동물과 반대되는 말인 무척추동물은 앞의 분류 기준에 따르면 연체동물과 절지동물에 속하겠군요. 이것 하나만으로도 벌써 많은 정보를 알 수 있었어요.

자, 이제는 실제 동물 그림을 가지고 나누어 봅시다. 그림에 나오는 15가지의 동물을 가지고 각각의 분류 기준에 어떤 동물이 속하는지 알아봅시다.

제일 먼저 동물을 나누는 기준은 '척추(등뼈)가 있는 것이냐'
라는 것입니다. 척추가 없는 동물을 무척추동물이라고 하고,
척추가 있는 동물을 척추동물이라고 합니다. 무척추동물에
비해 척추동물이 더 고등한 동물입니다. 척추가 있는 동물인
지 알아보기 위해서는 X선 사진을 찍어 보면 되겠지요? 그림
의 X선 사진 결과를 보면 쉽게 답을 알 수 있습니다.

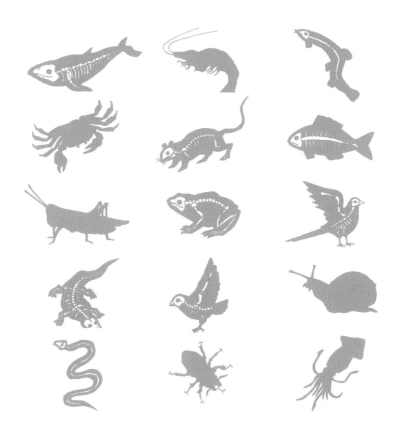

무척추동물	척추동물
새우, 게, 메뚜기, 딱정벌레, 달팽이, 오징어	고래, 쥐, 까치, 참새, 뱀, 악어, 개구리, 붕어, 미꾸라지

　일단 동물을 무척추동물과 척추동물로 나누었으면, 무척추
동물을 대상으로 분류를 더 해 보지요.

연체동물은 전 세계적으로 약 10만 종이 알려져 있습니다. 연체동물의 이름은 몸이 말랑말랑하다는 데에서 유래했습니다. 절지동물은 동식물을 통틀어 가장 종류가 많은데 약 90만 종이 알려져 있으며, 거의 모든 지역에 살고 있습니다. 몸은 마디로 나뉘어 있고 다리가 있으며 딱딱한 껍질로 싸여 있어 자라면서 껍질을 벗는 탈피를 합니다.

　절지동물에 속하는 곤충강은 절지동물 중에서도 종류가 가장 많습니다. 몸은 머리, 가슴, 배로 구별되며, 3쌍의 다리와 2쌍 또는 1쌍의 날개를 가지고 있습니다. 갑각강은 몸이 머리와 가슴, 배로 나뉘며 2쌍의 더듬이와 5쌍의 다리가 있습니다.

　지금까지의 설명으로 무척추동물에 속하는 동물을 분류한 결과는 다음과 같습니다.

연체동물	절지동물	
	곤충강	갑각강
달팽이, 오징어	메뚜기, 딱정벌레	새우, 게

　이제부터는 척추동물에 속하는 동물들을 설명하겠습니다. 아까도 이야기했지만 척추동물은 동물 중에서 가장 고등합니다. 전 세계적으로 4만 5,000여 종이 알려져 있으며, 몸의 내부 기관들이 잘 발달했습니다. 척추동물은 어류, 양서류,

파충류, 조류, 포유류 등으로 나뉩니다.

먼저 어류를 살펴보면 유선형으로 생긴 몸에 비늘이 덮여 있으며, 지느러미가 잘 발달되어 있고 아가미로 호흡합니다. 몸의 온도는 주위에 따라 변하며, 알을 낳습니다. 이와 같은 설명에 해당되는 동물은 무엇일까요?

__ 미꾸라지, 붕어입니다.

양서류는 물속 생활에서 육지 생활로 진화한 최초의 척추 동물입니다. 따라서 새끼 때는 물에 살고 커서는 물과 육지 양쪽에서 생활합니다. 새끼 때는 아가미로 호흡하지만 커서는 허파와 피부로 호흡을 하고, 몸의 온도는 주위에 따라 변하며, 알을 낳습니다. 이와 같은 설명에 해당되는 동물은 무엇일까요?

__ 개구리입니다.

파충류는 몸의 표면이 비늘로 싸여 있어 몸속의 수분이 증발하는 것을 막아 주기 때문에 육지 생활에 잘 적응할 수 있습니다. 몸의 온도는 주위에 따라 변하며, 알을 낳습니다. 이와 같은 설명에 해당되는 동물은 무엇일까요?

__ 뱀과 악어입니다.

조류는 몸이 깃털로 덮여 있으며, 앞다리가 날개로 진화하여 날아다니기에 알맞게 생겼습니다. 항상 몸의 온도가 일정하며, 알을 낳습니다. 이와 같은 설명에 해당되는 동물은 무엇일까요?

__까치와 참새입니다.

포유류는 몸이 털로 싸여 있는, 몸의 온도가 항상 일정한 동물로 새끼를 낳아 젖을 먹여 기르는 동물입니다. 이와 같은 설명에 해당되는 동물은 무엇일까요?

__고래, 쥐입니다.

지금까지의 결과를 모두 정리해 보면 다음과 같습니다. 이렇게 동물의 특징을 알면 체계적으로 분류할 수 있답니다.

계	동물계							
문	연체동물문	절지동물문		척추동물문				
강		곤충강	갑각강	어강	양서강	파충강	조강	포유강
	달팽이, 오징어	메뚜기, 딱정벌레	새우, 게	미꾸라지, 붕어	개구리	악어, 뱀	참새, 까치	고래, 쥐

과학자의 비밀노트

무척추동물의 분류

무척추동물이 어떤 특징에 의해 분류되고, 각각을 대표하는 동물은 무엇인지 알아보자.

1. 환형동물 : 몸은 긴 원통형이며 여러 개의 마디가 있다. 암수한몸이고 알을 낳아 번식한다. 예) 지렁이, 거머리, 갯지렁이 등

2. 연체동물 : 몸에 뼈가 없으며 배에 발이 있어 발로 기어 다니는 복족류, 발이 머리에 있는 두족류, 발이 도끼 모양인 부족류가 있다. 알을 낳아 번식하며 주로 물에 산다. 예) 조개, 소라, 문어, 오징어, 달팽이 등

3. 절지동물 : 몸이 머리, 가슴, 배의 세 부분으로 구분되며 마디가 있는 다리를 가진다. 몸은 키틴질로 된 외골격으로 덮여 있으며 알을 낳아 번식하고, 변태를 한다. 예) 사슴벌레(곤충류), 가재(갑각류) 등

4. 편형동물 : 몸이 연하고 납작하며 배에 인두가 있어 인두로 먹이를 먹는다. 항문이 따로 발달하지 않았으며 알을 낳아 번식하거나 몸이 둘로 나누어져 재생하기도 한다. 예) 플라나리아, 촌충 등

5. 극피동물 : 몸이 딱딱한 껍데기로 둘러싸여 있다. 알을 낳아 번식하며 체외수정을 한다. 예) 불가사리, 성게 등

6. 강장동물 : 입과 항문이 구분되어 있지 않다. 물에 살며 몸이 연하고, 두 층의 세포층으로 되어 있다. 예) 해파리, 말미잘 등

식물 분류 이야기

식물을 분류하는 기준과 각각의 무리에 속하는 식물을 알아봅시다.

여덟 번째 수업

식물 분류 이야기

린네가 식물과 동물을
나누는 기준을 질문하며
여덟 번째 수업을 시작했다.

　오늘은 지난 시간에 이어 식물 분류에 대해 배우기로 해요.

　여러분은 식물과 동물을 나누는 가장 큰 기준이 무엇이라
고 생각하나요?

　여러 가지 대답이 있겠지만 가장 큰 기준은 스스로 양분을
만들 수 있느냐 없느냐의 차이일 것입니다. 즉 식물은 스스
로 양분을 만들 수 있고, 동물은 스스로 양분을 만들지 못한
다는 것이 차이점이지요. 그런데 식물에서 양분을 만드는 일
을 담당하는 것은 무엇인가요?

　＿ 엽록체입니다.

네, 맞습니다.

처음에 내가 생물을 분류했을 때에는 동물계와 식물계, 이 2가지로 나누었지요. 그런데 나중에는 식물계에서 균계가 빠져 나와 새로운 계가 되었답니다. 왜 그랬을까요?

균계에 속하는 생물은 곰팡이, 버섯과 같은 종류입니다. 곰팡이나 버섯을 어디서 잘 볼 수 있나요?

버섯이나 곰팡이는 햇빛에 약하기 때문에 그늘지고 습한 곳에서 발견됩니다. 또한 스스로 양분을 만들 수 없어 다른 생물의 양분을 빼앗아 살아가는데, 이는 엽록체가 없기 때문입니다. 이러한 특징 때문에 곰팡이나 버섯은 처음에 식물에 속해 있다가 균계라는 새로운 분류 체계로 독립했답니다.

학자들은 분류학에 진화의 개념이 들어간 이후 각 생물의 조상을 찾으려는 노력을 계속했습니다. 동물은 비교적 화석

식빵에 핀 곰팡이

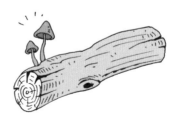

나무토막에서 자란 버섯

이 많이 남아 있어 조상 생물을 밝혀내는 데 어려움이 덜했지만 식물은 몸이 부드러워 화석으로 남아 있는 것이 거의 없어 식물을 분류하는 데 많은 어려움이 있었습니다. 또한 환경에 따라 생김새가 많이 달라지기 때문에 식물을 분류할 때에는 현재 존재하고 있는 식물의 특징을 기준으로 나누는 경우가 많습니다.

식물의 경우에는 동물과 달리 분류 기준에 대해 잘 알지 못하는 학생들이 많습니다. 그래서 동물을 분류했던 것과 같은 방법으로는 설명하지 않으려고 합니다.

최초의 식물은 물속에서 생겨났을 것으로 추측됩니다. 물속에 사는 조류는 물속에 사는 가장 간단한 식물이었습니다. 조류에 속하는 식물에는 플랑크톤, 미역, 김, 해캄 같은 것들이 있습니다.

식물 플랑크톤

김

해캄

이렇게 물속에 사는 식물 중 일부가 물 위로 올라와 살기 시작했습니다. 이 식물들은 마치 동물의 양서류처럼 완전히 물과 떨어져 살지 못하고 물가의 축축한 곳에서 사는 무리로 뿌리, 줄기, 잎 등으로 몸을 구별할 수 없으며, 포자로 번식합니다.

이런 종류의 식물을 선태식물이라 하고, 여기에 속하는 식물에는 이끼 종류가 있습니다.

우산이끼   솔이끼

양치식물은 고생대에 번성했던 식물로 꽃이 피지 않은 식물 중에서 가장 발달한 식물입니다. 대다수의 식물이 오랜 기간을 지나는 동안 멸종했지만 오늘날에도 약 1만 1,000종 정도가 살고 있습니다. 양치식물에 속하는 대표적인 식물은 고사리입니다.

여러분이 알고 있는 고사리는 갈색을 띠고, 나물로 먹는 것입니다. 그것은 어린 고사리이며, 더 자라면 녹색을 띠는 큰 식물로 자라납니다. 봄에서 여름으로 넘어가는 시기에 산의 그늘진 곳을 보면 큰 키로 자라 있는 초록빛 고사리를 볼 수 있습니다.

지금까지 설명한 식물들의 특징은 꽃이 피지 않는다는 것입니다. 앞으로 소개할 식물은 모두 꽃이 피는 식물입니다.

꽃이 피고 씨로 번식하는 식물을 모두 합쳐 종자식물이라고 합니다. 종자식물은 식물계에서 가장 고등한 무리로 뿌리, 줄기, 잎의 구별이 뚜렷합니다. 씨가 되는 부분인 밑씨가 어디에 들어 있는지에 따라 겉씨식물과 속씨식물로 분류합니다.

겉씨식물은 씨방이 없어 밑씨가 겉으로 드러난 식물로 전나무, 은행나무, 소철 등이 여기에 속합니다. 겉씨식물이 나타난 시기도 매우 오래되었는데, 은행나무 같은 경우 '살아 있는 화석'이라고 불립니다.

속씨식물은 밑씨가 씨방 속에 들어 있는 식물로, 겉씨식물에 비해 종류가 훨씬 많습니다. 속씨식물은 씨가 싹이 틀 때 나오는 떡잎의 수에 따라 외떡잎식물과 쌍떡잎식물로 나뉩니다. 이 2종류의 식물은 여러 가지 면에서 다릅니다.

외떡잎식물과 쌍떡잎식물의 비교

비교	외떡잎식물	쌍떡잎식물
관다발의 모양		
뿌리의 모양	수염뿌리	원뿌리와 곁뿌리
잎맥의 모양	나란히맥	그물맥
꽃잎의 수	3의 배수	4 또는 5의 배수
속하는 식물	옥수수, 벼	봉숭아, 장미

이제까지 살펴본 바에 의하면, 동물과 식물을 분류하는 방법은 주로 형태적인 차이점이나 진화의 역사를 알아보는 방법 등이 사용되었음을 알 수 있습니다. 현재는 과학 기술의 발달로 전통적인 방법 이외에도 첨단 과학 기술을 이용해 분류하기도 합니다. 예를 들어 여러 생물의 DNA를 분석해 보면 형태적으로 비슷한 두 생물이 사실은 거의 관련이 없다는 것이 밝혀지기도 합니다.

이처럼 분류학은 새로운 기술이 발달하고 새로운 종이 발견됨에 따라 변하는 학문입니다. 처음에 내가 만들었던 분류 체계도 당시에는 뛰어난 것으로 인정받았지만, 새로운 사실이 알려지면서, 여러 가지가 수정되었습니다. 따라서 모든 내용을 다 알아야 할 필요는 없답니다. 다만 왜 분류를 하는지, 분류를 하는 목적이 무엇인지와 같은 기본적인 개념은 잊지 마세요.

그리고 주변의 생물을 관심 있게 살펴보고 생물을 보호해 주세요. 지구상에 많은 종이 있고 아직 밝혀지지 않는 종도 많다지만, 산업 발달과 인구 증가로 인한 환경 오염 및 야생 생물의 서식지 파괴로 인해 멸종하는 생물이 기하급수적으로 늘어나고 있습니다. 여러분이 환경 보호에 먼저 힘써 주세요.

과학자의 비밀노트

한국, 식물 기생선충 분류로 방제길 마련

식물 기생선충은 수백 ㎛(마이크로미터)에서 수 ㎜까지로 크기가 다양하고 분류키가 복잡해 전문가들조차 감염 여부 판단이 어려웠다. 이로 인해 선충에 의한 피해 및 감염 여부를 빠른 시간 내에 규명하기가 어려워 선충의 피해가 지역적, 집단적으로 빈번하게 발생했다.

이에 국립생물자원과 유전자 분석팀은 2008년부터 소나무, 오이 등의 작물 생장에 피해를 일으키는 주요 식물 기생선충 4과 22종에 대해 국내 최초로 분석하여 종 구분이 가능한 표시를 밝혀냈다.

연구에 사용된 선충의 종에는 쑥의 잎 뒷면에 기생하는 쑥선충, 양파의 뿌리에 기생하는 마늘줄기선충 등 우리 식탁에 자주 오르는 주요 식량 자원들에 기생하는 선충들이 포함돼 있다.

이번 결과로 기존의 DNA 염기 서열 방법을 이용할 경우 3일 이상 소요되던 분류 시간이 하루 이내로 대폭 단축됐다. 또한 확보한 종들의 유전 정보는 국내 최초로 미국국립생물정보센터(NCBI)에 등록해 국내 자생 생물의 실체를 규명하고 선충 발생을 초기에 진단 가능케 함으로써 향후 선충 방제를 위한 새로운 길을 열었다.

식물과 동물을 나누는 가장 큰 기준이 무엇이라고 생각하나요?

동물은 살아 있고, 식물은…. 글쎄요, 잘 모르겠어요.

가장 큰 기준은 스스로 양분을 만들 수 있느냐 없느냐의 차이예요. 식물은 스스로 양분을 만들 수 있고, 동물은 스스로 양분을 만들지 못하지요.

아, 그렇군요.

스스로 양분을 만듦

스스로 양분을 만들지 못함

그런데 식물에서 양분을 만드는 일을 담당하는 것이 엽록체죠?

그래요. 정확하게 말하면 엽록체 안에 들어 있는 녹색 알갱이인 엽록소가 그 일을 담당하지요.

엽록체

처음에 내가 생물을 분류했을 때에는 동물계와 식물계로 나누었는데, 나중에는 식물계에서 균계가 빠져나와 새로운 계가 되었지요.

왜 그런 거죠?

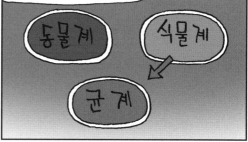

동물계

식물계

균계

균계에 속하는 생물은 햇빛에 약하기 때문에 그늘지고 습한 곳에서 발견되고, 스스로 양분을 만들 수 없어 다른 생물의 양분을 빼앗으며 살아가지요.

곰팡이나 버섯 같이요?

네. 균계는 엽록소가 없기 때문이에요. 그래서 곰팡이나 버섯은 식물에 속해 있다가 균계라는 새로운 분류 체계로 독립한 것이죠.

그런 식으로 생물들이 분류되었군요.

생물 채집과 표본 만들기

야외에서 생물을 채집하고 표본을 만드는 방법을 알아봅시다.

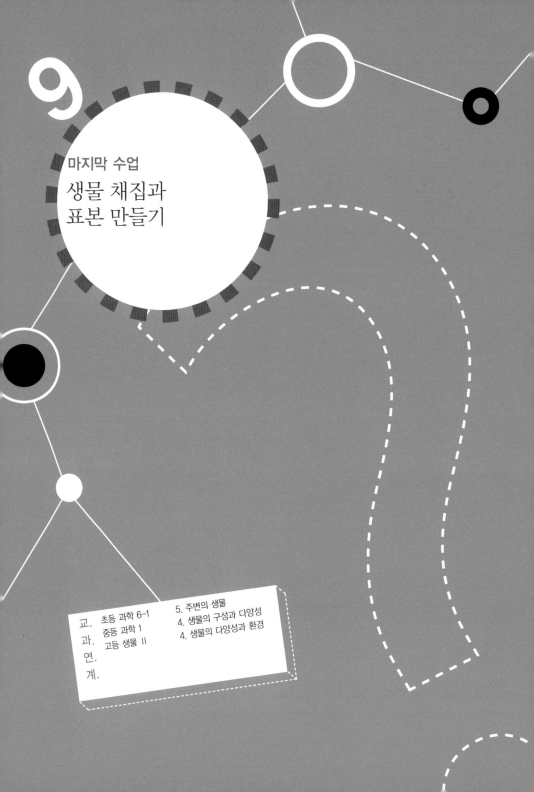

마지막 수업
생물 채집과
표본 만들기

린네가 헤어짐을 아쉬워하며
마지막 수업을 시작했다.

　분류에 관한 여덟 번의 수업이 모두 끝나 아쉽습니다. 수업을 함께 하면서 주변의 생물을 좀 더 유심히 살펴보게 되었나요? 예전에는 무심코 지나치던 길가의 잡초나 풀벌레를 다시 한번 살펴보세요. 비슷하게 보이는 것들이라도 조금씩 생김새가 다를 것입니다.

　오늘은 여러 생물을 채집하고 표본을 만드는 방법에 대해서 이야기하려고 해요. 가까운 산이나 들로 채집을 나가 보세요. 스스로 생물을 찾아 수집하고 표본을 만들어 나만의 생물 도감을 만드는 것도 재미있답니다.

식물 표본 만들기

식물 채집하기

식물 표본을 만들기 위해서는 식물을 채집하러 야외에 나가야겠지요.

식물을 채집할 수 있는 장소는 다양합니다. 가까이는 집 주변의 길가나 학교 운동장에서부터 멀게는 산이나 숲, 연못, 습지나 바닷가 같은 곳에서 채집할 수 있습니다. 산이나 숲 등에 갈 때에는 나무에 긁히거나 다칠 수 있으므로 긴팔 상의와 긴 바지를 입고, 다니기에 편안한 운동화를 신고 가면 됩니다.

식물 채집을 하기 위해 필요한 도구는 다음과 같습니다.

전지가위

나무의 가지나 줄기를 자르는 데 쓴다.

모종삽

식물을 뿌리째 캐낼 때 쓴다.

비닐 주머니와 종이 테이프

비닐 주머니는 뿌리에 흙이 묻은 식물이나 작은 식물을 넣는 데 쓰고, 종이 테이프는 채집한 장소, 채집한 날짜 등을 적는 데 쓴다.

신문지

꽃이나 열매가 떨어지기 쉬운 식물이나 잎이 잘 마르는 식물을 끼워 넣는 데 쓴다.

채집 책

신문지에 싼 식물을 보관하는 데 쓴다.

식물 채집 가방

채집한 풀이나 나뭇가지를 넣는 데 쓴다.

관찰 노트

채집한 장소, 채집한 날짜, 식물의 특징을 기록한다.

식물도감

채집한 식물의 종류를 알아보는 데 사용한다. 가지고 가기 무겁다면 채집한 뒤 집에서 찾아봐도 된다.

도구가 준비되었으면 실제로 채집을 하러 나가 볼까요?

풀인 경우에는 뿌리까지 모두 채집해야 합니다. 종류에 따라서 뿌리가 넓게 퍼져 있는 것도 있습니다. 이런 식물의 경우 뿌리가 상하지 않도록 모종삽으로 식물 주위를 넓게 파서 캡니다. 그리고 식물을 파낸 부분은 흙으로 잘 덮어 주세요.

나무인 경우에는 뿌리까지 캐기는 힘듭니다. 이럴 경우 전지가위를 이용해 가지 부분을 잘라 주세요. 이때 잎뿐만 아니라 꽃이나 열매가 달린 가지를 채집해야 나중에 이름을 찾아볼 때 편합니다.

종이 테이프에 식물의 이름, 채집한

장소, 날짜 등을 적어서 채집한 식물에
매답니다. 이렇게 하지 않을 경우 시간
이 지나면 식물의 정보를 잊어버릴 수
있답니다. 이렇게 채집한 식물은 뿌리의

흙을 잘 털고 식물 채집 가방에 넣습니다. 만일 식물을 키울
생각이라면 뿌리의 흙을 털지 말고 비닐 주머니에 넣어 채집
가방에 넣으세요. 식물 중에서 꽃이나 열매가 잘 떨어지는
것이나 잎이 얇아서 잘 마르는 것 등은 신문지에 끼워서 채집
책에 넣습니다.

채집을 할 때에는 자연을 보호하기 위해 너무 많은 식물을
채집해서는 안 됩니다. 또 희귀한 식물은 보호해야 하기 때
문에 만일 어떤 식물이 그 지역에 1~2개밖에 없다면 그 식물
은 채집하지 말아야 한답니다.

식물 표본 만들기

채집해 온 식물 중 뿌리째 채집한 것은 뿌리에 묻은 흙을
잘 씻어 낸 다음 신문지에 끼웁니다. 식물의 길이가 신문지
보다 큰 것은 줄기를 구부리거나 꺾어서 정리하고요. 잎이
접히지 않도록 주의하고 잎 1장은 뒷면이 보이도록 놓습니
다. 이것은 식물 중에 잎의 앞면과 뒷면의 생김새가 서로 다

른 것이 있기 때문입니다. 신문지 아래에는 간단하게 식물의 정보를 기록한 종이를 붙입니다.

표본이 든 신문지 위에 식물의 수분을 흡수할 신문지를 덮고, 다시 표본이 든 신문지와 흡수용 신문지를 교대로 올린 다음, 위에 돌과 같은 무거운 물건을 올려놓습니다. 흡수용 신문지는 처음에는 하루에 2번, 나중에는 하루에 1번씩 갈아 줍니다. 얇은 표본은 마르는 데 1주일, 두꺼운 것은 10일 이상 걸립니다. 꺼내 봐서 뻣뻣하면 잘 마른 것입니다.

식물 뿌리 물로 씻기

채집한 식물 신문지 사이에 끼우기

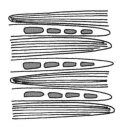

채집한 식물을 신문지 사이에 끼워 말리기

표본이 다 만들어졌으면 하얗고 두꺼운 종이를 택해 표본을 올려놓은 다음 종이테이프로 잘 고정시킵니다. 그리고 식물도감에서 식물의 이름을 찾은 다음 식물의 학명, 채집 장소, 채집 날짜, 채집한 사람 등을 적고 그 메모를 오른쪽 아래에 붙입니다.

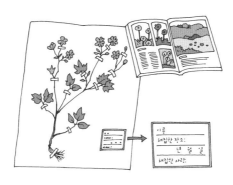

식물 채집 노트

여러 개의 표본을 모아 잘 묶어 책을 만들면 나만의 식물 채집 노트를 만들 수 있습니다.

곤충 표본 만들기

식물의 경우에는 움직이지 않기 때문에 채집하는 데 별로 어려움이 없지만, 곤충은 종류에 따라 사는 곳이 다르고, 계절에 따라 보이는 시기가 다르며, 움직임도 많기 때문에 곤충 채집은 식물 채집에 비해 어렵습니다.

곤충이 잘 나타나는 장소 알아보기

곤충은 대개 종류별로 발견되는 장소가 정해져 있습니다. 따라서 채집을 나가기 전에 곤충이 잘 나타나는 곳을 알아야 합니다. 예를 들어 나비의 경우, 대부분의 애벌레는 특정한 식물의 잎만 먹습니다. 배추흰나비의 애벌레는 배추의 잎만 먹고 살며, 호랑나비의 애벌레는 탱자나무의 잎을 먹고 삽니다. 이런 습성을 알면 곤충을 채집하는 것이 훨씬 쉬워집니다.

다음은 여러 곤충들이 발견되는 장소입니다.

나무의 수액에 잘 모이는 곤충	딱정벌레, 나비, 벌 등
밤에 가로등에 잘 모이는 곤충	나방, 하루살이, 날도래 등
썩은 나무줄기에 잘 모이는 곤충	하늘소, 장수풍뎅이 등
겨울 낙엽 밑에 잘 모이는 곤충	무당벌레, 나비 애벌레 등
돌 밑에 잘 모이는 곤충	귀뚜라미, 방울벌레, 노래기 등
연못이나 습지에 잘 모이는 곤충	소금쟁이, 잠자리 애벌레, 물방개 등

곤충 채집에 필요한 도구

준비물이 다 갖추어졌으면 실제 채집에 나가 보기로 하지요.

모종삽

땅속에 있는 곤충의 집을 파거나 함정을 만 들 때 사용한다.

포충망

날아다니는 곤충을 잡는 데 쓰이며, 망의 지름이 30~40 cm인 것이 적당하다.

삼각지와 삼각통

삼각지는 나비나 잠자리를 1마리씩 넣는 종이이며, 삼각통은 삼각지를 넣는 통으로 허리에 차고 다닌다.

독병

곤충을 죽일 수 있는 살충제를 넣는 병이다.

필름 통

송곳으로 공기구멍을 뚫은 다음, 작은 곤충을 담는다.

곤충 채집 가방

크기가 큰 곤충은 곤충 채집 가방에 넣어 운
반하는데, 칸이 나뉘어진 것이 편리하다.

핀셋

곤충을 집는 데 사용한다.

비닐 주머니

물에 사는 곤충을 채집할 때 사용한다.

장화

물에 사는 곤충을 채집할 때 신는다.

면장갑

곤충을 채집할 때 손에 낀다.

곤충 잡는 방법

곤충의 종류나 사는 곳, 활동 시간 등에 따라 잡는 방법이
다양합니다. 날아다니는 곤충, 꽃이나 나무에 앉은 곤충은
포충망을 이용해 잡습니다. 이때 빨리 움직이는 곤충은 빠르

게 포충망을 휘두르고, 느리게 움직이는 곤충은 포충망을 덮어 씌워 잡습니다. 나무 구멍 속이나 땅속에 사는 작은 곤충은 핀셋으로 잡고요.

핀셋으로 곤충을 잡는 모습

나뭇가지나 나뭇잎에 사는 작은 곤충들을 한꺼번에 채집하기 위해서는 흰 천을 나무 아래 펴고 나뭇가지를 막대기로 쳐서 곤충들이 흰 천 위로 떨어지게 해서 잡습니다.

빛을 좋아하는 곤충의 경우 전등을 켜고 흰 천을 두른 다음 불빛에 모이는 곤충을 포충망으로 잡습니다. 달이 비치지 않는 그믐, 계곡이 보이는 산 중턱 등에서 곤충이 잘 잡힙니다.

물에 사는 곤충 중 소금쟁이는 포충망으로 건져 채집할 수 있고, 육식성 곤충의 경우 포충망 안쪽에 먹이를 넣은 다음

빛을 이용하여 곤충을 채집하는 모습

물속에 넣으면 먹이에 유인되어 오는 물방개, 물장군 등을 잡을 수 있습니다.

나무의 수액에 잘 모이는 곤충을 유인하기 위해서는 흑설탕과 소주를 3 : 1의 비율로 섞어 끓인 다음 나무줄기를 따라 잘 발라 주면 해가 진 후에 나무줄기에 모여든 곤충을 채집할 수 있습니다.

썩은 고기를 먹고 사는 송장벌레나 딱정벌레 등을 채집하기 위해서는 깨끗한 빈 병을 땅에 묻습니다. 그 안에 썩은 고기를 넣고 병에 빈틈이 생기도록 나무판을 덮은 다음 시간이 지난 후에 보면 곤충들이 모여 있는 것을 볼 수 있습니다.

곤충 가져오는 방법

잡은 곤충은 다리나 날개가 상하지 않도록 조심해서 가져

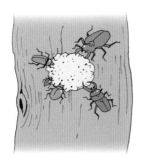
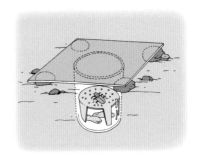

먹이로 유인하여 곤충을 채집하는 모습

와야 합니다. 곤충의 종류별로 잡는 방법이 조금씩 다릅니다. 딱정벌레와 같이 몸이 딱딱한 곤충들은 가슴 부분을 살짝 눌러 잡습니다. 나비도 날개를 잡을 경우 날개 가루가 떨어지기 때문에 가슴 부분을 잡습니다. 잠자리는 날개 2쌍을 모아서 날개 부분을 잡습니다.

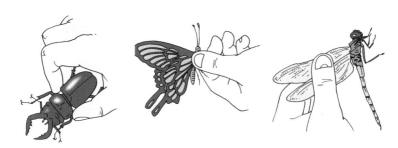

곤충 집는 방법

나비와 잠자리는 가슴을 살짝 눌러 기절시킨 다음 삼각지에 넣어 삼각통에 넣습니다. 삼각지를 접는 방법은 별로 어렵지 않습니다. 채집을 나가기 전에 충분하게 만들어 두세요.

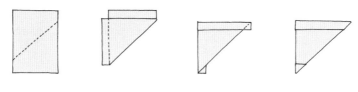

삼각지 접는 방법

작은 곤충들은 구멍 뚫린 필름 통에 넣어 가져오고, 물에 사는 곤충들은 젖은 물풀과 함께 비닐 주머니에 넣어 가져옵니다. 물을 가득 채우면 물에 빠져 죽을 수가 있으므로 대신 공기가 잘 통하도록 비닐 주머니에 구멍을 몇 개 뚫습니다.

곤충 채집을 할 때도 채집에 필요한 곤충 이외에 너무 많은 곤충을 잡지 않도록 합니다.

구멍이 뚫린 필름 통과 비닐 주머니

곤충 표본 만들기

채집해 온 곤충 중 큰 곤충은 주사기로 독액을 주사해 죽이고, 작은 곤충은 독액 묻힌 솜을 넣은 독병에 넣어 죽입니다. 독액으로 쓰이는 것은 주로 포르말린인데 위험한 물질이므로 혼자서는 사용하지 말고 부모님이나 선생님의 지도를 따라야 한답니다.

곤충 표본을 만들 때는 보기 좋게, 또 곤충의 모습이 가려

딱정벌레에 독액을 주사하는 모습

지지 않도록 잘 펴서 만들어야 합니다. 그런데 곤충의 크기나 종류에 따라 만드는 방법이 다릅니다. 또 곤충 핀을 꽂는 위치도 다릅니다.

① 아주 작은 곤충의 표본을 만들 경우

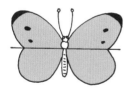

나비
날개를 일직선이 되도록 펴서 몸의 축과 수직이 되도록 한다.

잠자리
날개를 일직선이 되도록 펴서 몸의 축과 수직이 되도록 한다.

날개 펴는 법

매미
나비와 같은 식으로 하는데, 한쪽 날개만 펴고 다른 쪽은 그대로 둔다.

곤충 표본을 만들 때는 곤충 핀을 꽂아서 만듭니다. 보통 딱정벌레나 메뚜기 같은 큰 종류는 길이가 35~40mm 정도의 긴 곤충 핀을 사용하고, 그보다 작은 곤충의 경우 길이가 10~12mm 정도의 작은 곤충 핀을 사용합니다. 그런데 곤충 핀을 꽂을 수 없을 정도로 작은 곤충의 표본을 만들 경우에는 마분지 같은 두꺼운 종이에 접착제를 이용해서 곤충을 붙인 다음 종이를 곤충 핀으로 꽂습니다.

② 딱정벌레 종류의 표본을 만들 경우

딱정벌레의 몸통을 바르게 고정시키는 방법

딱정벌레 같이 몸이 딱딱한 곤충은 죽을 때 몸이 굳어져서 다리 모양을 바르게 잡기 어렵습니다. 이럴 경우 뜨거운 물에 잠깐 담가 몸을 부드럽게 해 줍니다. 그런 다음 표본 판에 딱정벌레의 모양이 바르게 보이도록 잘 펴고, 몸통의 가운데에서 약간 오른쪽에 곤충 핀을 꽂습니다. 그다음, 핀셋을 이

용해서 다리 모양을 바르게 잡아 준 뒤, 곤충 핀으로 고정시
킵니다. 다 만든 표본을 그늘에서 말리면 표본이 완성됩니
다. 딱정벌레 중에서 크기가 작은 종류는 상자에 솜을 깔고
그 위에서 다리 모양을 잡아 준 다음 말리면 됩니다.

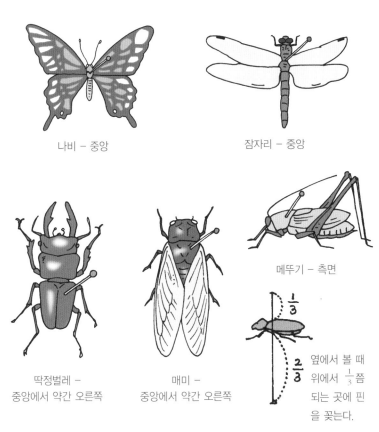

나비 – 중앙

잠자리 – 중앙

메뚜기 – 측면

딱정벌레 –
중앙에서 약간 오른쪽

매미 –
중앙에서 약간 오른쪽

옆에서 볼 때
위에서 $\frac{1}{3}$쯤
되는 곳에 핀
을 꽂는다.

각 곤충에 곤충 핀을 꽂은 모습

③ 나비, 나방의 표본을 만들 경우

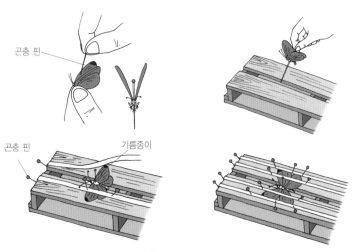

곤충 핀

곤충 핀   기름종이

나비 표본 만드는 방법

나비나 나방의 표본을 만들 때에는 날개를 잘 펴야 합니다. 나비의 종류마다 날개의 모양이나 무늬, 날개 가루 등이 다 다르기 때문입니다.

먼저 나비의 가슴 가운데를 곤충 핀으로 꽂은 다음 고정판의 홈 가운데에 꽂습니다. 고정판은 나비의 날개를 잘 펼 수 있도록 가운데 부분을 길게 판 나무판인데 만일 고정판을 구하기 힘들다면 스티로폼의 가운데 부분에 홈을 파서 사용해도 됩니다.

날개를 펼 때 손으로 만지면 가루가 떨어지므로 입으로 불어서 날개가 약간 벌어지도록 합니다. 나비의 날개 위에 길고 가늘게 자른 기름종이를 덮어 임시로 고정한 다음, 날개의 모양을 잘 잡아 곤충 핀으로 기름종이를 고정시키면 됩니다. 이때 날개에 직접 핀을 꽂으면 안 됩니다.

④ 메뚜기, 사마귀 표본을 만들 경우

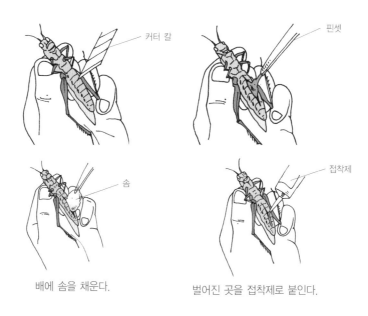

커터 칼

핀셋

솜

접착제

배에 솜을 채운다.

벌어진 곳을 접착제로 붙인다.

메뚜기의 표본을 만드는 방법

메뚜기나 사마귀 등 몸의 크기가 큰 곤충은 몸속의 내장 때문에 썩기 쉽습니다. 따라서 표본을 만들 때 근육과 내장을

빼내야 합니다.

⑤ 잠자리 표본을 만들 경우

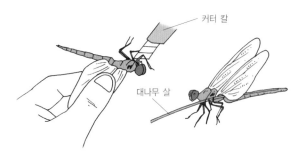

커터 칼

대나무 살

잠자리의 표본을 만드는 방법

잠자리는 몸이 길어서 잘못하면 꺾이기 쉽습니다. 따라서 가슴 부분을 칼로 조금 자르고 배 끝까지 가늘고 긴 대나무 살을 끼웁니다.

표본을 다 만든 경우에는 곤충 도감을 보고 각각의 곤충의 이름을 찾아 라벨을 만듭니다. 라벨에는 곤충의 이름, 채집한 곳, 채집한 날짜, 채집한 사람 등의 정보를 기록하면 됩니다.

곤충 표본 보관하기

곤충별로 표본을 다 만들었다면 건조시키고 잘 보관하는 일이 남았습니다. 보관할 때 가장 큰 문제는 표본에 습기가 차는 것과 개미나 다른 곤충들에 의한 피해, 표본에 곰팡이가 피는 것 등입니다. 이런 위험에서 표본을 안전하게 보관하기 위해서는 상자 안에 나프탈렌과 건조제를 넣어 두어야 합니다. 건조제는 포장 김 등에 들어 있는 것을 사용하면 됩니다.

곤충 표본 보관하기

현재 지구 상에 알려진 생물의 종류는 약 180만 종이라고 해요. 하지만 아직 알려지지 않은 종까지 따져 보면 1,000만~1억 종 이상이나 된다고 합니다. 이렇게 많은 생물들을 구별하고, 특징을 알아보기 위해서는 제일 먼저 이름을 붙여야 할 것입니다.

린네는 생물에게 체계적인 이름을 붙이는 방법을 고안하고, 특징에 따라 생물을 분류한 과학자입니다. 린네는 스웨덴에서 태어나 어려서부터 자연을 벗삼아 생물을 관찰하는 것을 좋아했습니다. 원예를 좋아한 아버지를 닮아 어렸을 때의 별명이 '꼬마 식물학자'였습니다.

린네는 룬드 및 웁살라 대학에서 의학을 전공했지만, 식물학과 자연사에 더 많은 관심을 가지고 있었기 때문에 웁살라 대학에서 식물학 강의를 들었습니다. 린네는 북유럽을 탐사하면서 새로운 생물과 광물을 발견했습니다.

당시에는 생물의 이름을 짓는 공통된 기준이 없었기 때문에 나라마다 생물의 이름이 모두 달랐습니다. 이로 인해 학자들이 연구를 하는 데 어려움을 느꼈는데, 린네가 생물의 이름을 정하는 이명법을 만들었습니다.

당시 학자들의 언어인 라틴어를 사용해 이름을 붙였기 때문에 생물의 이름을 통일할 수 있었습니다. 또 이를 바탕으로 생물들을 특징에 따라 분류하고, 같은 무리로 나누었습니다.

1735년에 발간한《자연의 체계》를 통해 동물과 식물, 광물을 분류하는 방법을 제시하였으며, 이 책은 분류학의 고전이 되었습니다. 또 린네는 생물 분류의 기본 단위인 종의 개념을 분명히 함으로써 분류학의 발달에 큰 기여를 하였습니다.

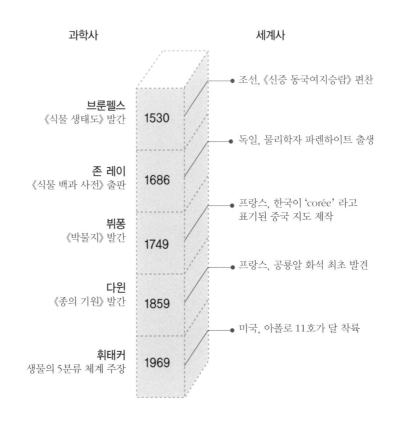

과 학 연 대 표
언제, 무슨 일이?

과학사

세계사

● 조선, 《신증 동국여지승람》 편찬

브룬펠스
《식물 생태도》 발간

1530

● 독일, 물리학자 파렌하이트 출생

존 레이
《식물 백과 사전》 출판

1686

● 프랑스, 한국이 'corée' 라고
표기된 중국 지도 제작

뷔퐁
《박물지》 발간

1749

● 프랑스, 공룡알 화석 최초 발견

다윈
《종의 기원》 발간

1859

● 미국, 아폴로 11호가 달 착륙

휘태커
생물의 5분류 체계 주장

1969

1. 생물을 이용 목적이나 사는 장소에 따라 나누는 것을 □□ 분류라고 하고, 특징에 따라 나누는 것을 □□ 분류라고 합니다.

2. 생물이 오랜 세월에 걸쳐 형태나 구조가 조금씩 변하는 것을 □□ 라고 하며, 이는 분류학에 큰 영향을 미칩니다.

3. 모양과 생활 방식이 거의 비슷한 생물의 무리로 교배하여 생식 능력이 있는 자손이 나올 수 있는 분류의 기본 단위를 □ 이라고 합니다.

4. 생물 분류의 단계는 가장 작은 것부터 큰 단위까지 □ , □ , □ , □ , □ , □ , □ 라고 합니다.

5. 동물은 크게 척추의 유무로 나누는데 척추가 있는 것을 □□□□ , 없는 것을 □□□□□ 이라고 합니다.

6. 식물은 크게 □ 의 유무로 나누며 버섯, 곰팡이와 같은 무리는 식물이 아니라 □□ 로 분류합니다.

독도에서 한국 토종 미생물 신종 발견

우리 몸에 병을 일으키는 세균은 대표적인 미생물입니다. 미생물은 눈에 보이지 않을 정도로 아주 작으며, 생김새가 동물이나 식물과는 많이 다르답니다. 따라서 동물과 식물 어느 쪽으로도 분류할 수 없지요.

린네가 살았던 당시에는 이러한 미생물의 존재를 잘 몰랐기 때문에 생물을 크게 동물과 식물로 구별했습니다. 하지만 오늘날에는 생물을 동물, 식물, 균류, 원생생물, 원핵생물 이렇게 5종류로 구별하지요.

원생생물은 대부분 1개의 세포로 이루어진 단세포 생물로 해캄, 짚신벌레, 아메바, 유글레나 같은 것이 이에 속합니다.

원핵생물은 30억 년 이전에 나타난 생물로 지구상에 가장 많은 수가 존재하며, 대표적인 것이 세균입니다.

미생물은 발견된 것보다 아직 발견되지 않은 것들이 더 많습니다. 학자들의 연구에 따르면 미생물의 99%가 아직 발견되지 않은 상태로 자연계에 존재하고 있다고 합니다.

새로운 미생물을 발견해 다른 학자들의 인정을 받게 되면, 발견자가 새 이름을 짓게 됩니다. 그런데 최근 미생물 연구 분야에 우리나라 과학자들이 우수한 성과를 거두어 한국 과학자들의 위상을 세계에 알리고 있습니다.

한국생명공학연구원에서는 독도에서 발견한 신종 미생물의 이름에 '독도'를 붙여 학계에 발표했다고 합니다. '독도 한국(*Dokdonella koreensis*)', '독도 동해(*Dokdonia donghaensis*)', '버지바실러스 독도(*Virgibacillus dokdonensis*)' 등이 그것인데, 이는 신종 미생물의 발견뿐만 아니라 국제 사회에 독도가 우리 땅임을 알릴 수 있는 또 하나의 방법임에 그 의의가 있습니다.

이렇게 미생물 분야에서 신종을 발견하는 것은 우리나라의 생물 자원을 보호하고 산업적으로 활용하는 데 중요한 역할을 하고 있습니다.